畅销珍藏版

心理学与生活

让你受益一生的88个心理学定律

晓宁/著

XIN LI XUE YU SHENG HUO

中国纺织出版社

内容提要

"人的一半是天使，另一半是魔鬼。"如果一个人失去了对自身心灵的有效控制，那他很可能会陷入"心力委顿"的状态。所以，一个人想要获取成功，需要征服的既不是巍峨的高山，也不是险峻的峡谷，而是自己的心理。

本书以人的内心为出发点，运用心理学原理，结合实际生活案例，对为人处世中可能遇到的各种心理现象进行了较为详尽的分析，并提供了简便的解决思路与方法，帮助年轻人在了解各种人际关系现象背后的深层心理原因的同时，也指引人们成为职场上、朋友圈中最受欢迎、最有分量的人。

图书在版编目（CIP）数据

心理学与生活：让你受益一生的88个心理学定律 / 晓宁编著. -- 北京：中国纺织出版社，2014.9（2025.3重印）
ISBN 978-7-5180-0731-8

Ⅰ.①心… Ⅱ.①晓… Ⅲ.①心理学—通俗读物 Ⅳ.① B84-49

中国版本图书馆 CIP 数据核字（2014）第 132912 号

策划编辑：库 科　　责任编辑：赵晓红
特约编辑：文 浩　　责任印制：储志伟

中国纺织出版社出版发行
地址：北京市朝阳区百子湾东里 A407 号楼　邮政编码：100124
销售电话：010—87155894　传真：010—87155801
http://www.c-textilep.com
E-mail:faxing@ c-textilep.com
官方微博 http://weibo.com/2119887771
三河市金兆印刷装订有限公司印刷　各地新华书店经销
2014 年 9 月第 1 版　2025 年 3 月第 3 次印刷
开本：710×1000　1/16　印张：17.5
字数：206 千字　定价：69.80 元

凡购本书，如有缺页、倒页、脱页，由本社图书营销中心调换

心理学，一门带给你幸福的学科

人类演化的过程也就是意识发展的过程。人的意识反映的便是人的心理，将人的心理归纳分析，总结出规律，也就成了心理学。

心理学一词来源于希腊文，意思是关于灵魂的科学。因此，我们也可以说心理学是一门研究灵魂、研究人们内心的科学。

人，是一种群居的动物，每个人的行为都会影响着其他人的心理变化。在这个影响的过程中，难免会有碰撞出现，于是，人际关系问题便出现了，这就是学习心理学的必要性之一。

本书尝试以人的内心为出发点，运用心理学原理，结合实际生活案例，对为人处世中可能遇到的各种心理现象进行较为详尽的分析，并提供了简便的解决思路与方法，帮助年轻人在了解各种人际关系现象背后的深层心理原因的同时，也指引人们成为职场上、商场上、朋友圈中最受欢迎、最有分量的人。

与其说心理学是一门让人更加聪明的学问，倒不如说是一门让人心智成熟的学问。在当今社会，人们所关心的问题已经不局限于经济问题，心理问题也上升到一定层面。仍在事业上挥洒奋斗的"70后"，他们身上扛着多少压力，他们的心里压抑着多少困惑和茫然；"80后"在成长阶段心理发育不完善，让他们走入社会之后吃了多少亏；如今"90后"更是步"80后"的后尘。可以说在当今社会，不管是哪一代人都有着或深或浅的心理问题。

十八九岁的高中生在大街上堂而皇之地拿着奶瓶喝水，这是反叛、时尚还是在装嫩？大学毕业生选择考研的动机是真的想继续深造，还是逃避找工作、害怕压力？许多大龄青年不肯结婚，他们是真的没选择到好伴侣，还是害怕承担婚后的那份责任？

……

这些都是心理问题在作怪，你自以为没什么，可别人在潜意识中就会觉得你是个不成熟、没担当的人。人可以拒绝很多东西，逃避很多问题，但唯一不可拒绝、不可逃避的就是心理问题。无数的案例都在证明，心理问题总是在潜移默化地愈演愈烈，或是在潜移默化中影响人的思维和行为方式。这也正是本书存在的必要性。

物竞天择、适者生存是自然界永恒不变的法则。当今社会，人们的竞争十分激烈。本书从最现实、最为实用的基本点出发，汲取心理学中的智慧，来帮助读者们从更深的层次上洞悉人性，透过纷繁复杂的表象，认清事实的真相。利用心理学的相关知识，使自己在职场上看清形势，收获成功，在生活中收获幸福。

如果说人生是一场智慧的博弈，那么，生活就是一场心理上的较量。谁的心理更为强大，谁就是最后的赢家。让读者掌控人生的主动权、以最快的速度摆脱负面情绪、轻松游刃于职场，这就是本书的最终主旨。

心理学的智慧在于将心理学原理及规律转化为具体的方法应用于工作、生活中，教会人们在与人博弈的过程中获胜的策略。一旦学到了心理学的智慧，很多工作和生活中的难题便会迎刃而解。古今中外，那些最终取得胜利的赢家无不是懂得心理学的大师。在人生的漫长博弈之中，不懂得心理学，就好比被蒙蔽住了双眼，难免困境丛生，甚至劳碌终生而一无所得。

人生本是一场艰辛之路，无论你是刚刚起步，还是已走向中途，心理学都是一门能够让你成就自我的学问。因此，请带着本书上路吧，相信在它的指引下，到达终点之时，你的背包里已经收获了一路的快乐与果实。

晓宁

2014 年 3 月

第一章　帮你寻找未知的自己/001

人格的结构：本我、自我、超我/002
性格类型：塑造属于你的个性/005
确立自尊：自尊＝成功/抱负/009
社会角色：演好自身的角色/012

第二章　摆脱负面症结，做自己的主人/015

瓦拉赫效应：发挥自己的优势/016
依赖症：究竟离你有多远/018
进食障碍：从心理上找原因/021
洁癖症：太爱干净不是好事/024
自闭症：封闭的心窗如何开启/027
焦虑症：是什么让你不快乐/029
恋物癖：难以抵挡的尴尬诱惑/032

第三章　看穿现象背后的动机/035

潜意识心理：人为什么会做梦/036
第六感觉：有的人为什么可以预见未来/038

被需要心理：为什么被需要是一种幸福/040

逃避心理：为什么人在乘电梯时喜欢向上看/043

边缘系统：为什么说脏话让我们心里更痛快/045

私人空间：为什么大家都喜欢坐靠边的座椅/047

心理补偿：为何在外受气的人喜欢在家里耍横/050

责任扩散：困难面前，为何多数人都袖手旁观/054

巴纳姆效应：为什么现代人大都相信心理测试/056

没个性化：为什么看演唱会时人会跟着大声唱歌/058

色彩心理：为什么蓝色汽车发生事故的概率最高/060

第四章　今天你可以很快乐/063

情商指数：决定着你的幸福指数/064

海格力斯效应：你的肩上是否扛着"仇恨袋"/068

杜利奥定律：生活就要充满热情/071

刚柔定律：拿得起，更要放得下/073

气球定律：气大伤身，聪明的你不生气/076

压力阀效应：把自己从紧张情绪中解救出来/079

踢猫效应：别成为坏情绪的传递者/082

霍桑效应：适度发泄，然后轻装上阵/085

第五章　洞察人性的心理/089

自尊原理：一定要维护好对方的自尊心/090

猎奇心理：满足对方"好奇"的心理/092

焦点效应：每个人都希望成为焦点/094

虚荣心理：学会满足对方的虚荣心理/097

目 录

应该心理：用别人对待我们的方式对待别人/100
排斥心理：巧妙化解对方的排斥心理/102
防卫心理：人人都需要有安全感/104
贾君鹏效应：满足对方潜在的情感需求/106

第六章　掌握对方的心理/109

权威效应："正人先正己"更有说服力/110
惊吓效应：要的就是让对方闻风丧胆的效果/113
反暗示效应：换种思维，管人更有效/116
恩威并重，最有效的管人手腕/119
能以德服人，才能让人心悦而诚服/121
欲擒可先"纵"，练好"忍"字功/123
以柔克刚刚必断，以弱制强强自残/126
用真诚的溢美之词也可以轻松管好人/128

第七章　好人缘让你事半功倍/131

邻里效应：交往越多越亲密/132
跷跷板定律：交友要遵循互惠原则/135
首因效应：第一印象很重要/137
曝光效应：朋友之间要经常走动/140
竞争优势效应：学会合作是交际之道/143
投射效应：交友时不要"以己论人"/146
比林定律：学会说"不"是一种智慧/149
人际关系定律：先倾听，后诉说/152

心理学与生活
让你受益一生的88个心理学定律

第八章　点破情场中的迷津/155

亲和动机：人人都渴望温情/156

契可尼效应：初恋为何总令人难忘怀/158

晕环效应：情人眼里为何出西施/161

秘密效应：保留你和他的隐私/164

自我选择效应：婚姻如戏，每个人都是导演/165

沙漏定律：别把你的爱人抓得太紧/168

沟通法则：婚姻生活中最好的相处方式/172

第九章　让管理走向智慧/175

鸟笼效应：管理要借势而为/176

南风法则：把温暖送给你的下属/179

蜂舞法则：加强沟通才能改善管理/182

破窗理论：及时补好第一块"破窗"/185

蝴蝶效应：细节决定成败/187

手表定律：不要制订双重标准/190

霍布森选择：放宽眼界，打开思维/193

第十章　高效能人是怎样炼成的/197

职业倦怠：要清楚你在为自己工作/198

瀑布心理效应：管好自己的嘴巴/200

青蛙效应：身在职场，不进则退/203

异性效应：干活要讲究男女搭配/206

布利斯定律：工作之前要计划周密/208

第十一章　构建真正的富足人生/211

王永庆法则：节俭让你更富有/212

马太效应：年轻时要积累必要的资本/214

鲶鱼效应：克服懒惰让财富快速增长/217

毛毛虫效应：要学会创新致富思路/219

格雷欣法则：分清好钱与坏钱之间的区别/222

羊群效应：你是理性投资者吗/224

智猪博弈：守株待兔未必是错的/226

第十二章　瞬间抓住客户的心/229

二选一法则：留住客户的秘诀/230

奥美定律：视客户为自己的上帝/233

250定律：推销商品前先推销自己/235

名片效应：让客户对你过目不忘/238

登门槛效应：先得寸，再进尺/241

从众心理：制造商品热销的气氛/243

第十三章　做有准备的成功者/247

吸引力法则：把成功吸过来/248

狼群法则：勇敢竞争，不轻言放弃/250

灯塔效应：不同的目标就会有不同的结果/253

不值得定律：永远不做不值得做的事/256

跨栏定律：栏杆越高，你跳得就越高/259

卡贝理论：放弃有时比竞争有意义/263

参考文献/267

后记：心理学，一门带给你幸福的学科/268

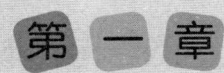

帮你寻找未知的自己

  我是谁？谁是我？迷失、彷徨的人们在反复思索着。为了不再迷失，也不再彷徨，更是为了趟过痛苦的河流，奔向幸福的彼岸，我们需要找到"真正的自己"——那个从不曾被自己了解的自己。现在，就让我们展开此卷，带着迷人的书香，一同梳理未知的纹理，带着期盼、渴望、思索走进未知的心灵世界，寻找未知的自己，以便帮助我们更好地走向未来。

人格的结构：本我、自我、超我

2010年3月23日早晨7点20分，南平实验小学门口和平常一样聚集了一群等待进入学校的学生。而令人难以预料的是，短短1分钟内，1名中年男子手持凶器一连伤害13名小学生。至23日晚10点，官方消息称，8个孩子不幸殒命，5名受伤学生还在南平市立医院及南平市人民医院抢救。这些孩子中年龄最大的也不过13岁。

据官方披露，犯罪嫌疑人郑民生43岁，曾任南平市某社区诊所医生，于2009年6月辞职。曾经治病救人的他，如今却致13名无辜的孩子或死或伤。

第一章 帮你寻找未知的自己

警方调查之后，得出郑民生的作案动机主要有三方面：一是周边人的轻视，私底下诽谤其有桃花病；二是感情生活不顺，女友迟迟不与其结婚；三是辞职之后，另谋新职不成，觉得活着没意思。此后，司法鉴定科得出结论：郑民生意识很清醒，并不存在精神病问题。

人们在震惊之余，不禁产生疑问：既然没有精神病，为什么会做出这种事？这就要从心理学的角度来分析了。根据他行为的高度攻击性、无计划性，事后无羞惭感，以及对社会上造成的不良影响可以得出，他很可能是反社会性人格障碍（又称无情型人格障碍）的患者。也就是说，他在人格上有障碍。

那么，人格是什么呢？人格也称个性，这个概念源于希腊语 Persona，主要是指演员在舞台上戴的面具，类似于中国京剧中的脸谱，后来心理学借用这个术语用来说明在人生的大舞台上，人也会根据社会角色的不同来换面具，这些面具就是人格的外在表现。面具后面还有一个实实在在的真我，即真实的人格，它可能和外在的面具截然不同。

在心理学中，关于人格的定义，比较流行的是：所谓人格，是指一个人在社会化过程中形成和发展的思想、情感及行为的特有综合模式，这个模式包括了个体独具的、有别于他人的、稳定而统一的各种特质或特点的总体。人格不仅具有独特性，同时也具有稳定性，这也决定了一个人的过去、现在以及将来的状态。

奥地利的心理学家弗洛伊德认为，人格结构由本我、超我、自我三部分组成。

"本我"即原我，是指原始的自己，包含生存所需的基本欲望、冲动和生命力，是一切心理能量之源。"本我"按快乐原则行事，它不理会社会道德、外在的行为规范，它唯一的要求是获得快乐，避免痛苦。"本我"的目标乃是求得个体的生存及繁殖，它是无意识的，不被个体所觉察。

一个人冷了，他需要穿衣服；一个人饿了，他需要食物；一个人眼睛受到了强光的刺激，他就要闭上眼睛。这些活动都是人原始本能的需要，而且这些话动都是无意识的，无论你是圣贤智者还是卑鄙小人都存在这个本能。

"超我"与"本我"相反，是人格中专管道德的"司法部门"，仿佛是社会的道德标准，来控制"本我"。它就像一个检察机关，随时监督你的道德行为。

"自我"则介于"本我"和"超我"之间，是一个人后天形成的，是对自身和社会理性的认识。它正视现实，符合社会需求，按照常识和逻辑行事，充当仲裁者，压抑"本我"的种种冲动和欲望以进行"自我"保存。另外，要尽量使"本我"得以升华，将其盲目的冲动，引入社会认可的渠道。当然，它也会给予"本我"合理的满足。

小孩子看到糖产生想吃的愿望这是"本我"在起作用。为了得到糖，小孩子可以偷吃，也可以请求父母购买，这是"自我"在起作用。然而，小孩子知道偷这种行为是不对的，不符合道德标准，这是"超我"在起作用。

"超我"的作用不是为了得到这个东西，而是让小孩子知道道德规范，并使这个道德标准内化于孩子的心里。父母总是把传统的价值观念和社会理念传授给孩子，"超我"就是这些观念和思想在孩子人格中的重现。

"自我为了驾驭'本我'举起了'超我'的鞭子"这句话形象地说明了三者之间的关系。若从力量上来看，三者也是此消彼长的，如果把握不好，不能保持稳定，那么，就会产生人格问题和人格上的冲突。

西游记中的唐僧、猪八戒和孙悟空就分别代表着"超我""本我"和"自我"。如果我们再往深层次上分析，也可以单独从其中一人身上分析这三者之间的关系。就拿孙悟空来说，曾先后两次接受了天庭招安。如若招安之后，玉帝能够对其量才而用，不用神界那套迂腐的规矩去苛求他，顺应其

第一章　帮你寻找未知的自己

"本我"的合理要求，使他获得自由、平等和施展本领的空间，那么，他的"本我"就会自觉接受"自我"的约束，也就不会有"大闹天宫"了。因为孙悟空也是深受儒家思想熏陶、明晓君臣之礼的，这点书中行文也是有体现的。但是玉帝却对孙悟空假意用之，实际上却想控制、禁锢他，免除后患。让一只猴子去看蟠桃园，自然诱使其猴性大发，导致"本我"再度扩张。于是，孙悟空"本我"与"自我"相互融合接轨的机会，就这样被神界不合理的约束所断送了。

此后，孙悟空又被压在五行山下五百年，后护送唐僧西天取经。历经数次磨难，终修成正果，达到了"超我"的境界，实现了心灵的升华。

可见，一部《西游记》也正是孙悟空的心灵完善史，记述了他的"本我""自我""超我"的争斗与融合。作者欣赏"本我"对自由奔放的追求，但也反对"本我"无限制的膨胀，主张"本我"要接受"自我"的合理限制，以达到"超我"的境界。

回到现实当中来，我们也可以这样理解：只有三个"我"和睦相处，保持平衡，人才会健康成长。而当这三者"吵架"，三股力量角逐的时候，人就会怀疑"这是真的我吗？""做得？做不得？"或者为自己某个突如其来的丑恶念头而惶恐。这种状况如果持续久了，冲突严重了，就会导致人内心的失衡以及精神上的问题。

性格类型：塑造属于你的个性

你在黄昏时分，出外散步，结果发现一栋老朽的空屋，于是你悄悄进入。从一面向西的破窗往外看，你的视线突然被窗外的某样东西吸引，请问这会是什么东西呢?

A. 渐渐西沉的太阳

B. 飞过满天晚霞的飞机

C. 工厂的烟囱里冒出来的烟

选择 A 的人:性格内向,不喜欢争取与改变。这类人基本上十分逍遥自在,对人生的态度也算乐观,生活节奏永远都是慢步调。因此,这类人多少会给人一些不够充实、空虚的感觉。

选择 B 的人:内心永远生气勃勃。这类人为人处世积极热情,经常不断地规划人生,让自己的生活过得既忙碌又充实。这种人属于步调很快的人,常常觉得人生短暂、时间不够。

选择 C 的人:随风起伏,有着不安定的心理。这类人是属于容易冲动、心理变化比较剧烈的类型。

以上的每一个选项都代表了一种性格。有的人热情奔放,有的人内敛沉闷,也有的人暴躁无常,这都是由于性格上的差异造成的。那性格究竟是什么呢?

性格指的是表现在人对现实的态度和相应的行为方式中的比较稳定的、具有核心意义的个性心理特征,是一种与社会相关最密切的人格特征。性格中包含有许多社会道德含义,它表现了人们对现实和周围世界的态度,并体现在他的行为举止中,如对自己、对别人、对事物的态度和所采取的言行上。

人的性格类型是遗传的,但每个人的遭遇都是独特的,即使成年之后的经历也是各不一样的。后天的境遇会对一个人的性格产生一定的影响和调节作用,比如情感上的创伤、人生的变故、巨大的恐惧都会使一个人的行为和举止产生变化,但却并不会彻底地改变一个人的性格类型。因此,人的性格才会各有差异。

　　一个性格外向的人也会常常陷入抑郁之中，但他本质上仍然是一个外向的人；一个性格内向的人有时也会表现得活泼开朗，但他内向的本质不会改变。同时，人的性格是无法掩饰、无法伪装、无法捏造的，是每个人的本性流露，不以个人意志为转移。

　　一个人的性格与其身体形态也有着一定的关系，大致可以分为以下几种类型：

　　1. 肥胖、脂肪质类型——躁郁质

　　这种人能够很自然地顺应周围开放的形势，大多属于活动性的人。虽然他们常施计偷懒，但还能被周围的人所谅解。这种人活泼开朗，充满社交欲，善良而单纯。

　　2. 稍见瘦削的健壮类型——偏执质

　　这种人有坚定的信念，充满自信心，无论在多么艰难的环境下，都奋斗不懈，百折不挠。这种人也有蛮干专横的一面，专制、高压、不信任人、粗暴等。

3. 瘦弱而有心事的类型——分裂质

瘦弱型中的有些人隐藏心事，在外表上引人注目，但却无法接近。瘦弱的人，大都个性刚强，一生气的话，就会歇斯底里。这种类型的人，大多是冷静、沉着的性格，但因其性格复杂，故很难用简短的言语来描述。

4. 体格强健类型——黏着质

肌肉发达、筋骨强健、体态匀整的人是地道的黏着质人，常常以秩序为重，讲求理义，但速度迟缓，说话绕大圈子，唠叨不停。

5. 娃娃脸的未成熟类型——歇斯底里质

这种人以自我为中心，个性强，属显式性格，知识广博，言谈风趣，但每句话多以"我"字开头，不离自我表现。

6. 瘦弱而线条纤细类型——神经质

对事物有强烈的感受性，对周围的变化非常敏感，留意身边的动静及缺点，文静真诚，驯服，没有自主性，性情易变且不易相交，但他们遵守约定，注重礼节。

可以说，与生俱来的性格，无时无刻不在影响和左右着我们。善于驾驭自己性格的人常常左右逢源，如鱼得水。同样，不擅于利用性格则会引发诸多矛盾和冲突。

穆阳，女，高三学生。一直以来她都十分苦恼，因为她总是在无意中得罪人，致使身边的同学都不愿意与她来往了。究其原因是她没耐性，稍微有些不合心意就急躁起来。例如，她要的东西必须马上就得到，否则就大吵大闹。

在一些细节上也可以看得出她焦躁不安的个性。上小学时，父母早晨都要忙着上班，没时间给她梳头，她只好自己梳。有时落下一绺头发没梳上去，她就着急地一把拽下来。在学校有时给同学讲题，一两遍还不明白，她就烦了："这么简单，怎么还不明白呢！"结果惹得同学心里很不好受，再

第一章 帮你寻找未知的自己

也不问她了。她也挺后悔,不应该这样,但一着急就控制不住了。

从以上的例子中我们可以分析出,穆阳的性情十分急躁、易怒。这类人,做起事情来往往是急功近利,不计后果。做事情时如果遇到了问题,完全不能冷静、周详地处理,只是想着"快刀斩乱麻",一下子把问题解决掉。急躁的性格还会使他们心神不宁,经常在惴惴不安中生活。对于这类人,我们要做的就是引导他们意识到自身的缺点,采取放松的训练来安抚他们潜在的急躁情绪。例如把他们安置在一个安静的环境下,使他们集中注意一个单调的声音,如钟的滴答声;或做一些简单刻板的动作,如用大拇指与其他手指重复接触等,从而使他们达到入静、精神松弛、随意控制自己的心理活动的境界。

马斯洛曾说过:"你的心若改变,态度则会改变,态度改变则习惯改变,习惯改变则性格改变,性格改变则人生改变。"正所谓性格决定命运,只有正确地认识自己,了解自己的性格潜质,激发个性优势,控制性格弱点,才能发现自身独有的天赋和优势,塑造健全的性格,进而掌握命运的钥匙,实现卓越的人生目标。

确立自尊:自尊＝成功/抱负

心理学上的自尊,并非我们平时所说的自尊心。它指的是个人对自我价值和自我能力的情感体验,属于自我系统中的情感成分,是自我评价的一部分。自尊涉及我们对自己本身是否持积极、肯定的态度,是否有值得骄傲的地方,成功是否是有价值的。

当我们体验成功或者受到表扬时,自尊水平就会上升。高自尊的人自我认可程度很高，能够肯定自己的整体价值，并且一般都能具有令人满意的人际关系。高自尊的人总是期望把事情做到最好，并为此付诸行动，所以他们取得成功的机会也比较大。这类人倾向于把自己的成功归功于自己的能力，因此，高自尊的人有很强的自信心，并且对自己的优缺点也有很现实的评价。而低自尊的人则常常感到不安、紧张，并且不停地自我批评，缺乏自信，因此产生焦虑和不快乐。他们也总是担心自己因做不好而丢脸，常常使自己变得孤立。

拥有自尊是一个人人格成熟的重要标志。那么，怎样才能拥有自尊呢？为了保持自尊，人们常常会使用一些策略，其中"自我障碍策略"就是最为常用的一种，它是指人们提前准备好用来解释自己预期失败的原因的一系列行为。运用这种策略，如果失败了，就可以使得他人不把失败归结于自己缺乏能力；而如果成功了，就更能做出能力的归因。

考试前，刘勇预感自己可能考不好，为了避免他人认为自己笨，他就运用了"自我障碍"的策略。在考试前的一周他有点感冒，并且家里打电话说妈妈生病了，再加上他宿舍附近在施工，刘勇把这些因素都摆出来，告诉他的同学这些事情极大地影响了他的学习进度，并预测说自己这次肯定考得一塌糊涂。等到考完之后，如果刘勇真的没考好，由于上述原因，也没有人会认为这是因为他准备不足才没考好；如果他考好了，人们就更有理由把他的成功归于他的能力、他的聪明。

当然，保持、提高自尊还有更高明的办法。这就是心理学家詹姆斯在《心理学原理》中提出的一个经典公式：自尊＝成功／抱负。

从这个公式可以看出，分母"抱负"越大，期望越高，那失望就越大，自尊就越小。而过多的失望必然会造成失败的心理，最后使人走向失落，丧失自信心，产生自卑的心理。也就是说自尊不仅取决于成功，还取决于期望值和目标。因此，要提高自尊水平完全可以通过减小期望值来完成。

第一章 帮你寻找未知的自己

所以,我们不妨来试着放下心中的那份期盼,从处理好生活、工作中的小事情做起,在每一次任务中享受成功的喜悦,并在这个过程中获得更多的经验和技巧,提高自己的能力,以便日后获得更大的成功。

当身边的朋友们都在事业上有所成就时,约翰发愤要成为最优秀的赛车手,这也是他一直以来的梦想。

可以说约翰比一般的人更加努力,因为他的目标是夺得冠军。为此,他花了数月的时间打造了一辆堪称完美的赛车,这辆赛车拥有最轻便、空气阻力最小的车身;发动机和轮胎也是顶级的工艺与设计。之后,他就跟着最优秀的教练,开始了他的训练课程。但是,尽管他投入了大量的精力、时间、金钱,却从未赢过一场比赛。约翰渐渐心灰意冷,并开始看低自己,萌生退意。

约翰的教练了解了他的情况,于是把他找来,语重心长地说:"你知道是什么阻碍了你吗?不是天分与才智,而是你的目标。你的目标过于高远,无形中就成为一种阻碍你的压力。其实,现在最适合你的目标不是冠军,而是能够站在领奖台上。"

约翰听从了教练的建议,这一次,他的目标仅仅是能够顺利进入前八名。结果,令他欣喜不已,他完成得相当精彩。约翰很高兴,因为他终于发挥出了他的潜力,这也使他相信,他必定能取得更大的成功。

生活中,有很多人失败,并不是因为他们自身条件差,而是因为他们的期望值过高。这类人总是想着一步登天,不能脚踏实地,一经历失败,就想尽快翻盘快速证明自己。可以说他们过分地自卑又过分地自大,"心比天高,命比纸薄"就是说的他们。归根到底,就是因为他们比一般的人具有更大的抱负。

其实,在现实生活中,我们只要降低对生活和工作的期望值,那么,每一个小小的成功都能使我们欣喜不已,我们的自尊也就可以在一次次成功中不断地增长起来,这样,我们就会在生活和工作中确立无比的自信和勇气。

011

社会角色：演好自身的角色

江浩在一家外企工作，他能力出众，英语水平也较高，在公司总能表现出色。相比之下，江浩的主管就显得逊色得多。

一次，在与外商洽谈的宴会上，江浩得意地跟外商频频碰杯，用英语跟外商海阔天空地聊天，毫不顾及坐在自己身边的主管。在用完餐分手的时候，江浩竟然在主管面前主动和外商挥手告别，把自己的主管冷落到一边，使得主管非常不高兴。之后，没过几天，江浩就被调到另一个不重要的部门去了。

几个月之后江浩才听说，原来是主管向经理打了小报告。经过朋友的点化，江浩才明白自己犯了一个非常严重的错误，那就是"越位"，没有找对在职场上适合自己的角色。

有人说，人生如戏，戏如人生。其实，我们每个人都是一个演员，在社会的大舞台上扮演着各自的角色，做着每一个角色应该做的事情。

"角色"一词最先是戏剧中的一个专有名词，指戏剧舞台上演员所扮演的剧中人物及其行为模式。文艺复兴时英国戏剧家莎士比亚在其剧本《皆大欢喜》中写道："全世界是一个舞台，所有的男人和女人都是演员，他们各有自己的进口与出口，一个人在一生中扮演许多角色。"后来，社会学家们在分析社会互动的过程中发现，社会舞台与戏剧舞台具有某些相似之处，于是把戏剧中的"角色"概念借用到社会心理学和社会学中来，便有了"社会角色"的概念。

社会角色是指与人们的某种社会地位、身份相一致的一整套权利、义

务的规范与行为模式,它是人们对具有特定身份的人的行为期望,它是构成社会群体或组织的基础。只要是社会成员,就会扮演着某种社会角色。当一个人具备了充当某种角色的条件去担任这一角色,并按这一角色所要求的行为规范去活动时,这就是社会角色的扮演。

在复杂的社会生活体系中,每个人都是多种社会角色的扮演者,也是多种社会角色的集合体。这种多种社会角色集于一身的情况,叫做"角色集"。事实上,每个人都是一个角色集。举个例子来说,一个公司的主管在单位面对员工他是领导,面对经理他又是下级;回到家里面对妻子就是丈夫,面对儿女就是父亲;到商店买东西,他是顾客;乘坐公交车时,他是乘客;看电影时,他是观众;走路时,他是行人;培训员工时,他又是讲师……

在不同时期,我们扮演的角色也是不同的。当我们刚出生的时候,我们是婴儿,是受呵护关怀的对象;等我们上学后,扮演的是学生的角色,需要做的事情是努力学习;当我们工作了,我们扮演的是员工的角色,需

要做的事情是踏踏实实地工作，创造社会价值，实现自身的价值；结婚后，我们扮演的是爱人的角色，需要做的事情是关心爱人与经营家庭；当有了孩子，我们扮演着父母的角色，需要做的事情就是教育好子女……可见，每一个角色都赋予了我们特定的内涵和责任。

这就要求我们在社会交往中不能简单地、随意地去演绎自己的社会角色，而要自觉地按照每种社会角色的特定模式，即社会对该角色的特殊要求去做。否则，我们在扮演角色的过程中就会产生矛盾、障碍，甚至遭遇失败，这就是角色失调。常见的角色失调有四种形式：角色不清、角色冲突、角色中断以及角色失败。

一次，英国的维多利亚女王与丈夫发生了争吵，丈夫赌气回到了卧室，不肯开门。女王在发完火之后也开始后悔了，便来敲卧室的门。

丈夫在房间里边问："谁？"

维多利亚想也没想就回答："女王。"

没想到丈夫既不开门，也不理她。女王生气了，再次敲门。

丈夫又问："谁？"

女王答道："我是维多利亚。"

丈夫还是不出声也不开门。女王无奈，只好再次敲门。

丈夫又问："谁？"

女王这次学聪明了，温柔地说："我是你的妻子。"

这次，丈夫把门打开了。

在外面，女王是一国之君；然而在生活中，在丈夫面前，她只是妻子，和丈夫处于平等的地位。如果她在丈夫面前时时刻刻都保持着一个女王的身份，那任凭谁来做她的丈夫都是忍受不了的。

所以，我们要善于在环境变换的过程中转换自己的社会角色，以免发生冲突与矛盾。

摆脱负面症结，做自己的主人

人总是脆弱的，容易受到各方面的影响，特别是一些不良的病症。而人一旦受到这些症结的攻击就会变得萎靡不振，失去理智地做出一些不可想象的事情。因此，我们必须要摆脱负面症结，做自己的主人！

瓦拉赫效应：发挥自己的优势

诺贝尔化学奖获得者奥托·瓦拉赫的成才过程极富传奇色彩。在他上初中的时候，父母为他选择了文学道路，和化学没有一点关系。一个学期之后，老师对他的评价是："瓦拉赫很用功，但过分拘泥。这样的人即使有着完美的品德，也绝不可能在文字上有所建树。"父母一见这条路行不通，又让瓦拉赫改学油画。然而，他的油画成绩在班内排在倒数第一。面对这样一个"笨拙"的学生，大部分老师都觉得他成才无望，只有化学老师发现他做事一丝不苟，具有做好化学实验应有的素质，于是就建议他改学化学。令人意想不到的是，瓦拉赫的智慧之火一下子就被点燃了，这位文学艺术的"不可造就之才"突然间变成了化学领域中"前途无量的高材生"。后来的事实也证明了瓦拉赫并没有选错道路。

其实，我们每个人都有自己独特的优势。只要我们能够找到发挥自己优势的方向，辅之合理有效的学习，就能取得应有的成绩。后人将这种现象叫做"瓦拉赫效应"。

"瓦拉赫效应"在教育子女方面的启示尤为重大：在孩子中间根本不存在所谓的"差等生"。关于这一点，瓦拉赫就是最好的证明。起初的瓦拉赫是人们眼中"名副其实"的差生，但因为化学老师的慧眼识人，终使"铁树开花"，着实令人欣慰。所以说，任何一个人都不是无能的人，只是潜能分布在不同的地方而已。如果我们能找出潜能存在的地方，加以挖掘深化，那必然会开辟出成功的途径。

曾经有一个学生因发挥失常，高考落榜了。此后，他久久不能从失败

第二章 摆脱负面症结，做自己的主人

的阴影中走出来，整日无精打采，对学习与未来毫无信心。

直到一天，他的爸爸拿出了一张白纸与一支铅笔，让他思考一下自己的不足与缺点，每想到一处就在纸上画一个黑点。

孩子拿起了笔，在白纸上画了好久。当他画完后，爸爸拿起那张白纸，问他看见了什么。

孩子答道："黑点，全都是令人讨厌的缺点！"

爸爸笑了笑，说："你难道没看见黑点以外的那些空白处吗？"

孩子若有所思地点点头。

爸爸继续问："当你在这张纸上写字时，你是会在空白处写还是在黑点上写？"

孩子有些不解地答道："当然是在空白处写了。"

爸爸若有所思地对孩子说："当你在纸上写满字时，黑点说不定刚好就被盖住了，就算没盖住，人们也只会看上面写的内容，而非黑点。"

此时，孩子恍然大悟，并从那时起刻苦学习，不再意志消沉了。

其实，只要能发挥自身的优点，便能弥补缺点与不足。现在，大部分老师与家长只是教导孩子要改正缺点，而不善于观察、发现孩子的优点。人们说"只要工夫深，铁杵磨成针"，认为一个人只要肯下苦功，早晚会有成功的一天。然而事实上，就算下了工夫，长年累月磨出来的最多也只是一根粗糙的针而已，根本就不能用来绣花，而且与所付出的不成比例。其实，社会也同样需要铁杵，为什么我们不去做铁杵擅长做的事情，而非要千辛万苦地浪费时间和精力去变成一根粗糙的针呢？

如果置自己的优势不顾，而选择自己无法领悟的领域，找不准自己的位置，也就不可能真正实现自身的价值。瓦特无法画出那期盼和平的《和平鸽》，毕加索改良不出推动世界进步的"蒸汽机"，爱迪生也写不出来一部《哈姆雷特》。他们之所以能成功地在历史长河里留下足迹以及让后人仰慕的光辉，就是因为他们没有浪费时间与精力在自己无法突破的领域中，而是充分结合自身的优势，在一定的范围内达到了普通人无法达到的高度。

　　成功学专家安东尼·罗宾曾在《唤醒心中的巨人》一书中诚恳地说道："每个人身上都蕴藏着一份特殊的才能，那份才能犹如一位熟睡的巨人，等待着我们去唤醒他……上天不会亏待任何一个人，他给我们每个人以无穷的机会去充分发挥所长……我们每个人身上都藏着可以'立即'支取的能力，借这个能力我们完全可以改变自己的人生。只要下决心改变，那么，长久以来的美梦便可以实现。"由此，我们可以明白，只有找准了自己的最佳位置，才能最大限度地发挥出自己的潜力，调动起自己身上一切可以调动的积极因素，并把自己的优势发挥得淋漓尽致，从而获取成功。

依赖症：究竟离你有多远

　　由于秦朗是一名设计师，日常工作主要是通过电脑来完成的，哪怕是跟客户交流，也是通过邮箱传送图片。秦朗说，因为设计工作需要精神的高度集中和环境的绝对安静，平时，在办公室里都很少有人说话，同事之间就算有事，为了不打扰别人，多数也是用电脑通过QQ、MSN、飞信等工具来交流。慢慢地，秦朗就习惯了这种不开口的"说话"方式，并在不知不觉中，将这一习惯带回了家里，也就形成了"网络依赖症"。

　　周末晚上，丈夫在房间里上网，安娜坐在客厅里看电视。突然，茶几上的手机短信铃声响起。

　　"替我倒杯水。"短信是丈夫秦朗用飞信发过来的，他就在卧室里。

　　"两个人都在家里，还要发短信不说话，什么意思？"安娜心里极为不

第二章 摆脱负面症结，做自己的主人

爽，对短信视而不见。

过了一会儿，短信声再次响起："帮我倒杯水。没收到？""怎么还不去？"丈夫连发两条飞信催促，安娜更是怒火中烧，坚决不理睬。

就在安娜生气的同时，丈夫秦朗也怒气冲冲地从卧室出来："电视剧有那么好看吗？发了好几条短信让你倒杯水都不动！"秦朗认为，妻子只顾着看电视，自己小小的请求都不能满足，没尽到一个妻子的本分。

"结婚前有说不完的话，结了婚连一个字都懒得跟我说了。"安娜委屈地跟朋友诉苦。不知从什么时候起，丈夫到家就回房间坐到电脑前，除了一些必要的交流，几乎不说一句多余的话；如果两人同时上网，即便是同在一个房间，丈夫也绝对是用QQ与她交流；如果自己没上网，丈夫就用电脑发飞信。作为夫妻却不愿开口说话，她觉得丈夫已经变心了。

因为这几条短信和一杯水，当晚这对结婚不久的夫妻爆发了一场史无前例的争吵，最后甚至提到了离婚，之后就陷入了冷战中。后来在朋友们的建议下，两人一起来到了心理诊所，心理医生了解完情况后，认为秦朗患上了"网络依赖症"。

依赖症究竟是一种什么病呢？依赖症是指带有强制性的渴求，不间断地使用某种或某些药物或物质，或从事某种活动，以取得特定的心理效应，并借以避免戒断反应的一种行为障碍。

不仅仅是网络，手机、游戏、酒精都有可能成为依赖症患者的对象。关于这一点，我们在案例中可以发现。

这种病症其实是心理学领域近年才出现的新名词，但在年轻的白领中却并不少见。随着科技的进步，电脑、手机等现代工具的介入使人与人之间的交流更加便捷了，人们在享受这种便捷的同时，往往忽略了生活本身。就像人们常在网络里聊天无话可说时可以用表情代替，就不会出现冷场的尴尬，因此很容易受到人们追捧。但如果只习惯于借助这些工具交流，时间长了就会产生"网络依赖症",真正与人面对面时变得不会说话。

依赖症虽然不是什么严重的病症,但长期下去也会导致焦虑不安、心情不快,不同程度地影响人们的身心健康及工作、生活。因此,心理专家提醒人们,一旦发现自己对某一事物产生了依赖,应尽早摆脱。对于一般的依赖症,也不需要有什么心理负担,只要正视它,通过及时调整就可以缓解或是避免这种症状了。

这就要求我们,首先要勇于承认依赖症。客观、正确地认识自己,是改善依赖症的关键所在。患上依赖症的人,往往会很难把握自己,或是意识不到自己已患上了依赖症。只有正确地认识依赖症及其危害,并承认自己依赖的倾向,才能找到病因,即自己为什么要依赖,什么原因促使自己依赖。只有找到原因,才能对症下药,解决问题。

当然,依赖症是一种心理的依赖行为,不可能轻易消除。因此,依赖症患者应理智地约束自己,避免由此诱发不必要的麻烦或是不良情绪。同时,要在生活中尝试着面对面地与人沟通,多参加一些活动,如散步、郊游、健身等,帮助自己找到更多排解烦恼和压力的方法;尽量将生活的重心从依赖物上转移,也就是转移自己的注意力;调整好自己的心态,学会放松,亲近自然,为自己营造健康的"绿色生活"。

依赖症的背后,隐藏着很多问题。诸如不自信、不懂得与人沟通、抑郁等。因此,我们必须要正确地对待依赖症,将生活的重心转移到现实中来。

第二章　摆脱负面症结，做自己的主人

进食障碍：从心理上找原因

小雪有一个朋友是做模特的，她告诉小雪，在她们公司，一半人在厌食，另一半人在催吐，不管男女都一样。"吃下去难道还可以吐出来吗？"小雪惊讶地问朋友。朋友回答说："在我们这，吃进去不吐出来是最不正常的了。"

这样下去，久而久之，便会形成进食障碍。进食障碍指神经性厌食、神经性贪食（心因性或其他心理紊乱所致）、过度进食或呕吐、成人的异食癖及心因性厌食。进食障碍指与心理障碍有关，以进食行为异常为显著特征的一组综合征，包括神经性厌食、神经性贪食和神经性呕吐。

进食障碍者会在厌食、暴食、催泻、催吐的恶性循环中越陷越深，他们自己也知道这样下去的危害，只是不知该怎样停下来。很多人都会有疑问，为什么他们会在厌食与暴食之间不停地摇摆。其实不难理解，因为近些年来想减肥的人越来越多，许多人首先都会选择节食，节食过度的话就会转变成厌食。如果长时间厌食，食欲中枢一直被压抑，很容易受到外界的某种刺激而崩溃，从极度压抑转为极度兴奋，使得身体补偿性地多吃。

微微小的时候很得父母和爷爷奶奶的宠爱，家里有什么好吃的东西都尽着她吃，于是她从小就胖乎乎的，大人都管她叫"棉花"。她升入初中以后开始了青春发育期，食量更是大增，而且由于各项户外活动她都不喜欢，只爱在家里听听音乐、看看书，这样缺少锻炼和从不节制食欲，使得她身体胖得愈发不可收拾。最迅猛的时期是一年的暑假，她爸爸单位里发了很多解暑

021

心理学与生活
让你受益一生的88个心理学定律

的清凉饮料，有可乐、雪碧、甜果汁和啤酒花。这一来，她简直是"奋不顾身"拿饮料当水喝了，一个夏天里每天至少喝三瓶饮料。临开学时她的体重足足增加了二十几斤，在校园里只觉得同学们都用异样的眼光打量她。一些调皮的男生，甚至常常指着她的背影叽叽喳喳，她这才意识到自己成了一个难看的胖丫头。于是她下定决心要减肥，但是身体好像在跟她作对一样，她越是希望瘦，越是瘦不下来。看见别的女孩苗条的身材，她真是又羡慕，又郁闷。

后来，她不管走到哪里，都总觉得别人在私底下嘲笑她。尤其是那些男生的讥讽眼神，更让她受不了。于是她像变了个人似的，不爱说话，越来越孤僻，很怕见人。除了上课之外，她几乎是足不出户，这样一来，身体就越来越胖。在减肥的第一阶段失败后，她开始强迫自己减少食量。每天早晨都不吃早饭，中饭和晚饭也只吃一点点。一段时间下来，减肥效果并不明显，身体也受不了了，她整天觉得疲倦，经常感冒。同学们建议她吃些东西，可

第二章 摆脱负面症结，做自己的主人

是当她接受了大家的说法，准备多注意自身营养的时候，却毫无食欲，看见一点油就开始恶心到想吐。

这便是典型的神经性厌食。其实，这样的病例在日常生活中并不少见。在这个以瘦为美的时代，越来越多的女孩子盲目地选择减肥节食，这样的后果就是不断有人在这个恶性循环中患上进食障碍。

面对这个问题，我们应该怎么做呢？一位从死亡边缘走过来的进食障碍患者曾经这样告诉过大家："不管这一次又'暴'了多少，别去理会它，心里再内疚也不要用催吐、催泻的方法把它弄出来。只要从这一刻开始，正常地吃饭，一日三餐都按时按量，逐渐就会发现自己不太有'暴'的欲望了。而因为害怕'暴'了以后发胖几餐不吃，从而造成的厌食的危害，也会相对减少。"

神经性厌食症在敲响我们的警钟的同时，神经性贪食症也悄然潜入我们的生活。

报纸上就曾报道过，深圳有一位30岁的李女士家庭关系不是很和谐，夫妻两个经常吵架，每次吵完后她就有头昏的毛病。有次吵完架后她又觉得头昏，随手从桌上抓了个馒头吃，神奇的是头居然不昏了。于是，李女士便用这个秘方治起了头昏。以后每次头昏的时候，她就开始吃馒头，外出时也带着满满一大包的馒头，以备头昏之需。一年之后，李女士体重由90斤升至120斤，但仍然管不住自己的嘴，不管饿不饿都要吃。

贪食症，是一种精神上的异常。患者在生理上其实并不需要进食，但心理上却仍有饥饿的感觉，这样便会在短时间内猛吃下大量的食物。这种情况的产生往往是由压力导致的。心理专家指出，吃东西不是调节心情的法宝，因此一定要适可而止，严防贪食症的发生。

对于进食障碍者来说，最重要的是调整自己的饮食习惯，在不采用排泄、呕吐等方法的情况下，保证机体摄入足够量的热量。但是，要想做到这一步，对大多数患者来说还是有一定困难的。因此，患者在进行自我调整的同时还需要进行心理辅导。

洁癖症：太爱干净不是好事

送朋友礼物时，若能在包装上多花一点心思，就可以使物品看起来更有价值，也更能表达自己的诚意。在各式各样的包装材料上，你认为下列哪一样最不可或缺？

A．缎带花

B．精致盒子

C．小卡片

D．包装绳与包装纸

选择 A 的人：你会在表面看到的地方下工夫，不太注重其他小节，只要大体上很整齐、还算得体，那就足够了。所以，基本上刚与你接触的人都会认为你外表看起来干干净净的，好像是个生活严谨的人；等到相处一段时间才会发现，你的家里还是带有一些"人味"。你的洁癖指数是76％。

选择 B 的人：你希望自己不管是在人前还是人后，都能表现出高雅的气质。只要看到哪儿有一点污渍，你的心中就会觉得很不舒服，一定要立刻除去。无论是衣着打扮，还是办公室的座位附近，你都会详加注意，随时检查有没有变得紊乱。在这样严苛的要求下，洁癖指数高达98％，把最高分

第二章 摆脱负面症结，做自己的主人

送给你，应该没有人会有异议。

选择C的人：你偏好在活泼的环境中工作，那会使你的创意源源不绝。因为要保持热闹的气氛，你的周边自然就会塞满了东西，因此常常给人们一种混乱的感觉。你的洁癖指数为66％，算是常人标准了。

选择D的人：你的审美观与别人很不一样，有自己独到的看法。你不在乎其他人是怎么想的，即使你的生活方式很另类。整体看来还是相当洁净，也很有个性，你的洁癖指数83％。

一个人爱干净固然是好事，但过于注重清洁就是"洁癖"。所谓"洁癖"，指的就是在讲究卫生方面达到了苛刻的程度。洁癖属于强迫症的最常见临床表现，占了强迫症患者中的一半左右。这类人，尤其最注意手的卫生，每天至少要洗几十遍，每次要打几次肥皂；每接触过一样东西，就得把手洗一次，不然就焦躁不安，什么事情也做不了；下班回来的第一件事就是大洗一番；不让别人随便坐，也不欢迎朋友来访。这样的人，不仅苛求自己，还关注周围的人，假如别人去厕所回来后忘了洗手，或从外面回来没有换衣服就坐在了沙发上，那他就对沙发特别紧张，不敢接触。在外面也害怕同别人握手，握完手之后不管什么场合都要找卫生间洗手。时间一长，这样的坏习惯就严重影响了他们的工作和生活，他们明知道没有必要，可就是控制不住，不知道该怎么办。像这样有"洁癖"的人在日常生活中并不少见，他们整天都活得特别紧张，其生活的全部就是打扫卫生、清理自己，他们最关注的就是细菌，而无暇顾及别的，也没有什么业余爱好。

新婚不久的何晴对身体的清洁要求已达到吹毛求疵的程度，手一触碰到东西马上就要清洗。她的手经过长期频繁的清洗，多处完全脱皮，患上皮炎。何晴每天晚上洗完澡后，觉得只要穿上衣服就会弄脏皮肤，因此她总会不穿衣服赤身裸体地上床睡觉。不仅如此，何晴还要求老公也要这样做，如果老公不肯，何晴就会觉得老公很脏，把他赶到沙发上睡。

更让人难以接受的是，但凡有同事到他们家玩，何晴等同事们走之后她还要买来新毛巾重新清洗家具然后将毛巾扔掉。

老公用尽了各种方法来劝导她，都始终未见丝毫改变。

那么，关于"洁癖"这个心理障碍应该怎样治疗呢？心理医生建议采用系统脱敏治疗法。例如，每天减少洗手的次数，原来洗20遍，现在只洗15遍；原来每次洗7分钟，现在洗4分钟。如果感到难以忍受的话，就试着做放松训练，或做一些适当的运动以分散注意力。这样就能逐渐地减少洗手的次数和时间，直到只在饭前便后才洗手，每次不超过3分钟。当然，这也是一个长时间的过程，不可能一蹴而就，而且在这个过程中要忍受痛苦和煎熬，但治疗结果会让患者感到真正的放松和愉快。同时在这个过程中，患者也会发现少洗手几次并不会得什么可怕的病，因为病从口入，而不是皮肤，只要注意饮食卫生就可以了。

其实，干净是为了健康，健康是为了生活，而生活的本质就是追求幸福创造价值，并不是为了不生病。也就是说，干净并不是我们所追求的人生目标。"洁癖"的做法确实很干净、卫生，但却并不会感受到幸福，相反，体会到的只是紧张和痛苦，觉得活得特别累，没有时间和精力去享受生活。大好的时光都要花在洗手上，这样做值得吗？所以，克制"洁癖"最好的办法就是要调整好自己的心态，想想为什么活着。并且，越干净就越不容易生病的想法本身就是错误的，因为人适度地接触病菌，反而会产生抵抗力。因此，我们必须对客观环境有正确的认识，不要过于苛刻。

自闭症：封闭的心窗如何开启

小鹏和小程是一对双胞胎，已经4岁了，可两人仍然不会说话。小鹏特别喜欢坚硬的东西，拿脑袋往上撞似乎从来都不会感觉到疼。小鹏则喜欢咬人，外婆的手臂和鼻子上现在还有清晰的牙印。提起这对双胞胎孙子，六十几岁的奶奶和外婆都愁容满面。

奶奶和外婆一人看着一个孩子。喂他们吃饭菜时，兄弟俩的目光始终没有和两位老人对视过，只有等到把鸡汤泡好的饭送到他们嘴边，他们才下意识地张开嘴吃进去。小鹏一直手舞足蹈地抖动个不停，眼神飘忽不定地看着周围，嘴里还一直发出类似低声哭泣的"唔唔"声。小程时而傻笑，时而两只小手举到面前轻轻地拍着，脑袋不停地摇晃着。

后来经过心理医生的诊治，发现两个人患的正是"自闭症"。

自闭症是一个医学名词，又称孤独症，被归类为一种由于神经系统失调导致的发育障碍，其病征包括不正常的社交能力、沟通能力、兴趣和行为模式。自闭症是一种广泛性发展障碍，是以严重的、广泛的社会影响和沟通技能的损害以及刻板的行为、兴趣和活动为特征的精神疾病。很多自闭症患者都是因为不知道怎样合理地宣泄自己的情绪，才会有许多令人诧异的举动。不仅如此，他们似乎对这个世界上的一切都缺乏应有的反应。

会说话却不懂得交流，有视力却不愿意面对，能听见却充耳不闻，这样的人基本都孤独离群，不愿与人交往，不能与人建立正常的联系。有的患者从婴儿时期起就有这一特征，如小时候就和父母亲不亲，也不喜欢别人抱，当有人要抱起他时，也不伸手做出期待要抱起的姿势；不主动找小朋友们玩，别人找他玩时会躲避、排斥，对别人的呼唤没有反应，总喜欢自己独处。有的患者虽然并不表现出拒绝别人，但也不会与别人进行主动交流，缺乏社会交往能力。同时，他们对周围的事也不关心，似乎总是听而不闻，视而不见，自己想做什么就做什么，毫无顾忌。不管发生了什么似乎都与他们无关，很难引起他们的注意。他们的目光不易停留在别人要求他们注意的事情上，他们永远活在自己的世界里。

另外，自闭症患者多有语言障碍。他们平时话很少，严重的病例几乎终生不语；即使有的患者可以说话，但会说会用的词语也有限。有的常常不愿说话，以手势代替；有的会说话，但声音特别小，或是自言自语重复着一些单调的话；有的患者只会模仿别人说过的话，不会用自己的语言来进行交谈。同时，这类人兴趣有限，行为刻板，害怕环境的改变。自闭症患者通常在较长时间里专注于某种或几种游戏或活动，如着迷于旋转的陀螺，单调地堆积木块，喜欢看电视广告和天气预报，对欢快的动画片、儿童娱乐节目则毫无兴趣，一些患者还每天都要吃同样的饭菜，出门要走相同的路线，如有变动就大哭大闹焦躁不安。自闭症患者无法改变原来形成的习惯和行为方式，难以融入新环境，因此，他们在社会上很难独立生存。

自闭症患者的智力水平发育不均；约75%的自闭症患者智力低下，少数患者智力正常或接近于正常。部分智力低下的患者却在音乐、绘画、计算、识字、记忆等方面有着惊人的天分，令人不可思议。

宋阳是一个自闭症患者。在一天的数学课上，老师教同学们一百以内的减法运算。每次做题时，大家都在自己安静地思考演算着，而他却一动不动地坐在那里，嘴巴里含糊不清地念叨着，不知道在干什么。老师发现他在自言自语，就走到他身边，没想到发现了一个秘密：原来他是在念数字。奇怪的是当他把数字念完的时候，结果也就出来了。比如说一道"100－23"的减法运算题，一般的孩子都要使用凑十法、退位法，而宋阳只需要从"1"念到"23"，就可以把得到的结果说出来。

据心理学家分析宋阳属于高功能型自闭症患者，通过培养，将有很大的提升空间。

自闭症患者在整个成长过程中，其家庭成员都需要不断学习和适应，并及时地给予他们帮助。当他们长大，离开学校的时候，仍不能放松对他们的教育。帮助青少年和成年的自闭症患者开发智力，是急需推进的社会工作。

焦虑症：是什么让你不快乐

刘楠和丈夫结婚有一年了。丈夫平时因为工作需要应酬比较多，经常半夜带着酒气回家，因此她总担心丈夫会出轨。后来，她发现丈夫与单位的一位女同事交往频繁，便大吵大嚷，丈夫再三向她解释，她仍疑虑重重。之后，她还请了一位私家侦探，调查丈夫的行踪。虽然并没有发现丈夫有越轨行为，但她仍然不放心，整日胡思乱想，心神不宁，后来渐至失眠、头晕、注意力分散，严重影响了自己的生活和工作。她自己也非常苦恼，明知道是自己疑心太重，但就是无法控制自己，有时甚至彻夜不眠，对丈夫也很苛刻，经常乱发脾气，无理取闹，要求丈夫百依百顺，否则就大吵大闹。无法忍受自己的刘楠最后走进了心理诊所，希望能够通过治疗摆脱困扰。

经过细心观察，心理医生认为刘楠意识清晰，但在整个叙述过程中她眉头紧锁，搓手顿足，语言重复啰唆，并伴随着一定的妄想，不能保持心

心理学与生活
让你受益一生的88个心理学定律

态平和,最后甚至声泪俱下,反复讲着自己的烦躁心理,害怕丈夫做对不起自己的事。根据刘楠以上的情况和其在生活中的表现,心理医生初步诊断其患有轻度焦虑症。

偶尔的焦虑是很正常的,这并不等于焦虑症。就像是一位职员上班还有十几分钟就迟到了,现在路上还堵着车,而恰好昨天单位领导刚刚强调了要严整考勤纪律,这时候他焦躁、着急、坐立不安,属于正常的现象,是正常的情绪反应。如果一个人平白无故的、没有明确对象和原因就焦急、紧张和恐惧,并且总是感觉将要有某些威胁即将来临,但是自己却说不出究竟存在何种威胁或危险,这种情况就可以称之为焦虑症。

焦虑症又称焦虑性神经症,是以广泛性焦虑症(慢性焦虑症)和发作性惊恐状态(急性焦虑症)为主要临床表现,常伴有头晕、胸闷、心悸、呼吸困难、口干、尿频、尿急、出汗、震颤和运动性不安等症状。其焦虑并非由实际威胁所引起，或其紧张惊恐程度与现实情况很不相称。

人们对焦虑症的研究已有近百年的历史了，对引起焦虑症的原因做了大量研究，但直到现在，确切的病因仍未明了。后来，精神分析的创始人弗洛伊德从精神分析的角度发表的观点认为：焦虑症是由于内心过度不平衡的冲突造成的，冲突的来源是自我不能在本我（指欲望和本能）和超我（指良心和道德）之间保持良好平衡的结果，原因是自我太弱而道德标准要求又过高，不能适当地压抑来自本我的本能冲动，于是以焦虑的形式显现出来。此外，童年的一些心理体验被长期压抑在潜意识中，一旦受特殊际遇激发出来，就成了意识中的焦虑。

那么，焦虑症能治好吗？这也是患者最关心的问题。关于这点，心理医生给人们提出了一些建议，帮助人们正确地认识和治疗焦虑症。首先要乐天知命，不攀比，不嫉妒，知足常乐。其次是要保持良好稳定的心理状态，不可大喜大悲，要心宽豁达，凡事想得开，使自己的主观思想能够适应客观发展的现实。其实轻微焦虑症，完全可以依靠个人的努力来消除。当开始焦虑时，要意识到这是自己的焦虑心理在作怪，正视它，不要用自认为合理的理由或客观情况的不如意来掩饰它的存在。

焦虑症在各个国家都十分常见，现已成为西方发达国家最常见的心理疾病之一。焦虑症的发病年龄大多在16~40岁，20岁左右发病率较高，老人及儿童也常有焦虑症发生。我国流行病学抽样调查的结果显示，焦虑症患病率为1.48%。

可以说，焦虑症像空气一样弥漫在我们的周围，挥散不去，使我们无所防备，甚至习以为常。同时，它又像寄生虫，不断地吞噬着我们的健康和快乐。它用悲观、抑郁、恐惧和怀疑来过滤掉我们生活中所有的温馨时刻，把一切幸福从我们身边剥离。

恋物癖：难以抵挡的尴尬诱惑

　　重庆某大学的女生宿舍连续发生失窃案，丢失的全都是女生的内衣、内裤之类的小件衣物。保卫部门于是布置人员蹲点潜伏，终于抓获了偷窃者——某系一个大一的男生。在该生的柜子和抽屉里还找出几十件女生的内衣、内裤。据他交代，他一看见女性的内衣、内裤就有一种抑制不住的兴奋，忍不住想拿来抚弄、摸玩，从中得到满足和快感，有时还一边抚玩一边手淫。学校在给予该生批评教育后，还请了心理学家对该生进行诊断治疗。

　　心理医生了解到，该生自幼性格孤僻、拘谨，自尊心极强且比较敏感。父母是农民，没有对他进行过性教育。据该生所说，中学时上体育课，有些女同学会以"不方便"或"不舒服"为由而不上体育课，有些懂一点的男生说是因为"例假"或"月经"来了。他觉得很神秘也很好奇，隐约觉得与女生的某种秘密有关。后来，一次他路过女生宿舍时，看到路旁晒着的女生内衣、内裤，心里突然产生了要弄个明白的冲动，于是顺手取走一条三角裤，回到家里偷偷观察，突然感到了一种从未有过的满足。从那以后他在好几个地方偷过女生的内衣、内裤。每次偷窃和摸弄女性衣物都给他带来无法比拟的满足感。事后他也曾后悔、自责过，知道这种行为不光彩，也知道偷盗是违法的，他甚至在日记里狠狠地骂了自己一通。但冲动一来，又无法控制了。到了大学之后，他的行为也没中断过，直至被抓住。

　　心理医生在分析了基本情况之后，确认该男生为恋物癖患者。恋物癖是一种因对社会适应不良而造成的变态人格。上例中这名学生的行为特点是以异性穿戴、使用过的衣物、用品为满足性欲的对象，通过接触这些物品来引起性兴奋和性满足。恋物癖者几乎仅见于男性，他们对直接接触女性身体的、带有特殊气味的或给人以特殊触觉的物品，如女性内衣、内裤、文胸、丝袜、头发等尤为嗜好。他们为了满足自己不正常的心理及习性，不惜以非法手段盗取这些物品。恋物癖患者平时大都比较内向、不好说话、拘谨，但品行良好，无其他劣迹或流氓行为，在学习和工作中往往还是成绩优秀者。尽管偷窃女性物品这种行为会扰乱社会治安，可能给他们带来法律的制裁和声名狼藉的危险，但他们仍然难以克制自己的行为，甚至屡次被抓获后仍故态复萌，因而内心经常处于矛盾、自责、痛苦、忧郁、自卑和孤独之中。

　　关于恋物癖的产生原因，总结一下有以下几种可能：一是一种习惯的结果。大部分患者的病因都与性经历和环境影响有关，如果最初性兴奋出现时偶然接触到某种物品，此后又经过几次反复接触，便会形成一种条件反射。甚至有时只有一次深刻的印象便可造成心理上的"依恋"，这种情况多发生在青春期。曾有一个案例就是有一男青年在地上躺着，一位风韵十足的少妇将一只脚放在他身上，这一偶然的动作竟激发起他的性欲，后来此男子成了一个终身的恋足癖者。二是社会环境的影响。在中学阶段，男女接触较少，这样便使他们将自身的性冲动向一些异性特有的象征物发泄。起初或许他们只是偶然得到异性的物品引起了性兴奋，时日一久便成为一种习惯。三是由性心理发育异常所导致的。该症患者一般都具有性心理异常的特点，他们在潜意识中多有对自己生殖器的担忧，害怕被阉割，从而促使某些人去寻找更安全、更容易获得的性行为对象，或形成把异性身体的某一部分及饰物当作性器官的认识，以缓解内心的不安。四是缺乏一定的性知识。好奇和意识方面存在的某些问题也是形成恋物癖的原因。

　　恋物癖患者一定要有矫正自己异常行为的决心和信心，不要因为自己的行为难以启齿而自卑、逃避。要加强道德修养，主动参加有益身心健康的社交活动，少接触易引起性冲动的物品，少看带有色情内容的影视节目。恋物癖患者一般没有反社会、不合作、攻击他人或偏执等严重的人格异常，大多都是愿意接受治疗的。因此，患者的家人、朋友、老师都应该耐心疏导和教育他们，让他们重新认识性，学习性知识，了解正常的性生理和性心理反应，认识恋物癖行为对社会、对自身所造成的危害，教导他们如何建立正常的两性间的关系。如果能与一个理解、体贴他的女性确立正常的恋爱关系，这对矫治患者的恋物癖会起到重要作用。

第三章

看穿现象背后的动机

　　有人说，生活就是不能太较真，稀里糊涂随它去吧！可仔细思量，生活这本百科全书还真是得好好推敲。无穷的世界里，奇妙的事情不胜枚举，它们的背后到底潜藏着怎样的玄机？尽管人们常说难得糊涂，可人心莫测的世界里，如果能洞穿他人的内心世界，看透现象背后的动机，仍旧可以帮助我们做个快乐的"糊涂人"！

潜意识心理：人为什么会做梦

提及做梦，这实在是再普遍不过的一个现象。自从我们有记忆起，梦就一直伴随着我们。其实，自从我们出生的那一刻，梦就产生了，只是因为那个时候的我们还没有记忆，所以无法记住自己的梦。那么，梦到底是怎样形成的呢？

人们经常说："日有所思，夜有所梦。"但事实上，除了白天遇到、想到的一些事情会在梦中出现外，我们还会经常梦到一些不着边际的事情。还有一些梦，当我们醒来时，早已记不起来了。但无论哪种形式的梦，都是人体潜意识的一种体现。

无论是从生理学还是心理学的角度来分析，做梦都是一种正常的、必不可少的人体活动。人体入睡后，大脑内一小部分的脑细胞仍在活动，这就成为做梦的基础。千百年来，解梦者、心理学家以及神经生物学家对梦更是苦苦求索，然而迄今为止，仍然是众说纷纭，莫衷一是。不过，越来越多的研究者承认，梦跟一个人的心理和性格有着极其紧密的联系。

最近，小雪总是重复做一个梦，而且早上醒来，这个梦总是让她羞愧难当。她总是梦见自己赤条条地走在大街上，非常难堪，但每次都还在故作镇定。她自己无法理解这个梦的根源到底是什么，她自己也搞不清楚自己为什么要那么做。她的故作镇定似乎掩饰了自己的难堪，她分辨不清别人看她时到底是用一种什么样的眼光。这不，前几天，她又梦见自己从澡堂中赤裸裸地走出来……

第二天早上醒来，这个梦犹如一个烙印印在小雪的脑海中，每当想到它，就会羞愧难当。她实在不知道为什么自己会做这样的梦。她为此颇有担心，因此，她将自己的梦告诉了好友小敏。

小敏托着腮帮想了半天，也没说出个一二三来。最后，她建议小雪去见心理医生。开始时，小雪感到非常难为情不愿去。后来，在小敏的劝解下，而且知道心理医生对咨询者的信息是绝对保密后，她才下定决心走进了心理咨询室。

医生一边听着小雪的倾诉，一边频频地点头，并没有打断小雪的话。等她说完后，心理学家跟她聊起天来。

聊天的过程中，医生了解到，在日常生活中，小雪是一个比较敏感的女孩，非常在意别人对自己的看法，即使在公车上，别人无意间投来的一个眼神，都会让她心神不宁。最近，由于自己和一位同事的关系略显紧张，她为此烦躁不安。于是，这种尴尬和困窘被她带到了梦里。

听了医生的分析，小雪的心宽了起来。原来，出现这样的梦境，并不是自己有什么非分之想，更不是自己有什么不检点，说到底，还是跟自己的性格、经历有关。

其实，正常的梦境活动，不仅是保证人类机体正常活动的重要因素之一，还是协调人体心理平衡的一种方式。由于做梦时，人主要是在利用大脑的右半球活动，而处于清醒的状态时，则是在利用大脑的左半球活动。在醒与梦交替出现的过程中，人体可以达到神经调节和精神活动的动态平衡。

因此，梦是协调人体心理世界平衡的一种方式，特别是对人的注意力、情绪和认识活动有较明显的作用。完全无梦的睡眠，不仅是不正常的，还很有可能是身体某个部位发出的危险信号！

第六感觉：有的人为什么可以预见未来

每当提到"第六感"，人们总会觉得高深莫测。科学研究表明，人类除了具有视觉、味觉、触觉、嗅觉、听觉五种感觉外，还存在着一种对机体的预感，生理学家把这种感觉称为"机体觉"或"机体模糊知觉"，即所谓的"第六感"。

随着科学技术的突飞猛进和人类生理学研究的不断深入，人们对自身的认识也越来越清楚。科学研究告诉我们，"第六感"并没有特定的感觉器官，它是由机体各内脏器官的活动，通过附着于器官壁上的神经元（神经末梢）发出神经电脉冲，把各种信号及时地传递给各级神经中枢而产生的。因此，参考下面的测试，你只需回答"是"或"否"，就可以判断你自己到底有没有"第六感"。

（1）曾经有过的梦境，确实在现实中发生了；

（2）到一处从未去过的地方，莫名其妙地对那里有一种一见如故的感觉；

（3）与人初次见面，对方尚未开口，便已知道他将要说些什么；

（4）经常有应验的预感；

（5）有时候会感觉身体有莫名其妙蚁爬感、短暂的刺痛感等；

（6）能预知电话铃响；

（7）预感会碰到某人，结果果然如此；

（8）在灾祸到来之前，会出现不适的生理反应，如窒息感、乏力等；

（9）经常做彩色缤纷的梦；

（10）时不时就会听到无法解释的声音。

以上10个问题中，你的回答如果有3个以上是肯定的，那就证明你具有第六感觉；如果有5个或5个以上的回答是肯定的，那就证明你的第六感比较活跃；在7个~10个之间，则证明你的第六感非常敏感。

在现代心理学研究领域，研究者将重点放到了意识的层面。人们的意识分为意识和潜意识两个层面，而意识有明确的内涵，潜意识则是一个集合的笼统界定（常把不能意识到的意识统统称为潜意识）。由此可知，"第六感"属于人们的一种潜意识。

西方心理学家认为，意识是通过人们的听觉、视觉、味觉、嗅觉和触觉的五种感官接收外在的刺激，然后经过大脑中枢神经系统做出整理分析，最后确定的认识。而潜意识则是人们接收到的被意识层面所遗漏的东西，它不是人们通过语言或逻辑推理而得的。这些"被遗漏的信息"在大脑中经年累月的储存，使得人们不曾察觉。而一旦当它们浮现到意识层面，成为一种可辨认的感觉时，所谓的"第六感"就产生了。

第二次世界大战期间，有一对年轻的恋人。为了国家的前途，小伙子上了战场，从此以后，女孩子开始了漫长的相思。她日夜思念着自己的恋人，盼望他早日平安地回到自己身边。结果，一年后传来噩耗，小伙子所在的部队在惨遭敌军轰炸后全军覆没。听到这个消息，女孩子悲痛欲绝。

消息传来的前几个夜晚，女孩子就开始重复做着同一个梦，在梦里，她看到自己的恋人在一个黑漆漆的洞里，不断地呼唤着她的名字，并痛苦地对她说："救我，快救我……"女孩不止一次被这个梦惊醒。后来，她把这个梦告诉了家人，家人则解释说她太过于思念恋人，才会做这样的梦。开始的时候，女孩也觉得家人说得对，是因为思念才会做这样的梦。可是，接下来的几天，这个梦一直困扰着女孩子。再后来，她只要闭上眼睛，就会"看到"恋人痛苦的表情和"听到"他凄惨的声音。

在听到噩耗后，女孩子终于不顾家人的劝阻，循着自己的梦，找到了一座大山里。眼前的一切，让她惊诧不已。原来，映入眼帘的竟然是在她的梦境中经常出现的废墟！女孩不顾一切地扑到废墟上，拼命地用自己的手扒着石块。不久后，救援队赶来了，挖开堆积的砖块，在一个阴暗的地窖里，发现了一个胡子拉碴、衣服破烂、满身伤疤但还活着的人。

他就是女孩的恋人。俩人热泪盈眶，紧紧拥抱。

第六感，不是什么特技，更不是什么神灵使然，它在我们的生活中是真实存在着的。正如分析心理学创立者荣格所强调的那样，用自己的直觉来发现无意识，而无意识则是一个巨大的历史仓库。如果从这一观点出发，那么，第六感本身也是自己心灵世界的内容！

被需要心理：为什么被需要是一种幸福

保险推销员甘道夫在其年轻的时候曾拜访过一位很有名气的书商。在书商的家里，甘道夫看到许多徽章、奖杯。于是甘道夫好奇地问："这些徽章和奖杯是如何得来的？"书商回答说："我曾获得过美国最佳书商的称号。""那你又是如何成为第一名的？"甘道夫接着问道。"因为我会向我的客户说'我需要你的帮助'。当你诚心诚意地向别人求助时，没有人会说不。"

听到这些，甘道夫的心里不免一颤，"那你都向你的客户要求了什么呢？""我请他们给我3个朋友的名字，我将为他们提供服务。"

甘道夫知道了书商成功的秘密。一句"我需要你的帮助"的确帮了甘

第三章 看穿现象背后的动机

道夫不少忙,在取得客户的 3 个朋友的名字之后,甘道夫会接着向客户了解他的朋友的年龄和经济状况。在离开之前他会对客户说:"你会在下周与他们见面吗?如果会,你愿不愿意向他们提起我的名字?或者是,你会不会介意我提到你的名字呢?我会用我与你接触的方式,与他们接触。"

就这样,甘道夫的客户群就像滚雪球一样越滚越大,他终于成为历史上第一位一年内销售超过 10 亿美元寿险的成功人士。

甘道夫的成功绝非偶然。他之所以会成功,是因为他经常对人们说"我需要你的帮助",而这种看似微不足道的帮助,是人们在日常生活中很乐意为别人提供的。人们的这种心理,就是心理学上的"被需要心理"。

心理学家说,需要是一种自身生理和心理上的内在驱动力,让人自发地去探索身边的世界和所处的生活环境。比如,我们感到饥饿时,就会自发地

去寻找食物。但我们不是单靠吃活着，也就是说我们还需要"被需要"。被需要是指一种来自他人对自己的需要并折射到自我心理上的外部驱动力，使人产生帮助他人、探索世界的心理和愿望，从而将这种心理和愿望付诸行动。

生活提示我们，不是只简单地"需要"就可以满足自己的生活需要，每个人都必须还要被他人、家庭、社会需要，否则生活就失去了原本的意义。于是，在我们的生活中，需要和被需要就像是一双有力的翅膀，只有保持它们的平衡，才能让我们有足够的动力在人生的旅途上飞得更快更高。因此说，"被需要"是一种积极向上的心理，是我们健康、快乐的原动力。

鲁迅先生的小说《祝福》里的主人公祥林嫂是一个充满悲剧色彩的人物。最终让祥林嫂惨死雪地的致命一击则是"鲁四老爷以为祥林嫂的作风败坏了风俗，于是，从此祭祀时便不再让她插手"。

祥林嫂的劳动权利被剥夺，从心理学的角度来分析，这也无疑是祥林嫂的"被需要心理"遭到了惨重打击。而这一致命的打击，致使她的精神彻底崩溃，以至于最终惨死在封建政权、族权、夫权、神权四条绳索之下。

有人说，喜欢和学习心理学的人，通常情况下，要么是自己对心理学感兴趣，要么就是自己是心理疾病患者。暂且不论这句话是否有道理，但我们不能否定的是，心理学家也会得心理疾病。这就好比医生本身也会感冒一样，医生感冒了，并不会由于自己是医生就不用看医生和喝药。既然感冒了，就是病人，同样要看医生，要吃药，要打针。心理学家也一样，既然自己患上了心理疾病，就要找心理学家咨询病情，并及时地采取措施加以治疗。从心理学的角度来说，这也正是一种被需要的心理。

逃避心理：为什么人在乘电梯时喜欢向上看

日常生活中，只要你稍加留神就会注意到一个十分奇妙的现象。

人们乘坐电梯时，总是习惯性地抬头向上看。这样一方面是为了看到指示灯上自己要去的楼层，另一方面似乎是为了逃避别人的眼神。由于自己的眼神不知道该游离何方，稍不留神，就会与其他人的视线相撞，而这种无意识的对视，总是会给人一种压迫感。因此，人们总是会下意识地回避这种眼神的碰撞。

出现在电梯里的这一普遍现象，归根结底是一个心理空间问题。心理空间，即一个人需要一定范围的私人空间。倘若这种心理空间被占有，就会给人一种很不自在的感觉，这是人的一种本能。

心理空间，是每个人都有的防卫距离。当我们身边有陌生人接近时，总是下意识地感到不舒服。不只是在电梯里，在地铁、图书馆，类似的事情同样会发生。倘若我们的身边有很多的空位置，而一个陌生人却径直走过来坐在了我们身边，我们就会自然而然地想："旁边位置那么多，干吗非得坐在我旁边？"

类似于电梯里这一普遍现象的发生，衬托出人们的逃避心理。逃避心理，在心理学上又被称为回避心理。这在日常生活中主要表现在，当自己与社会或是他人发生矛盾以及冲突时，不能自觉地解决矛盾、冲突，而是一味地躲避。这是一种无法正视现实的盲目心理，其直接后果就是导致很多人不能把握锻炼的机会，影响了心智的成熟。

当一只鸵鸟碰到一只狮子时，它会本能地逃走。当被狮子追得难以逃脱时，它不是选择奋力奔跑，而是将自己的头埋进沙子里，为的就是"躲避"狮子的追杀。

事实上，鸵鸟奔跑的速度可达每小时70~80千米，在逃命时则会更快，而狮子的奔跑速度也不过是每小时80千米。鸵鸟可以70~80千米的时速持续奔跑30分钟，而狮子却只能维持短短的几分钟而已。况且鸵鸟还有非常强壮且锋利的爪，倘若与狮子拼死一搏，将狮子置于死地并不是没有可能。

但可悲的是，鸵鸟在最关键的时刻总是忘记自己的优点，选择逃避，最终的命运也就可想而知了。

生活中，不如意的事情十有八九，那些尽善尽美的事情只能是存在于人们的理想中，在现实中几乎不会发生。倘若你经常觉得"倒霉的总是自己"，在这样的心理驱使下，即便犯了错误，也很难认识到错误的严重性，而且还会给自己找到种种开脱的理由。

其实，面临困境时，逃避或是逃脱责罚并不是什么大逆不道，这是人类的一种本能反应。多数人在"有利"与"不利"两种形势的抉择中，都会自然而然地选择趋吉避凶。但是，一味地逃避，最终的命运无异于那只将头埋进沙子而惨死的鸵鸟。

心理学上有一个重要的心理规律，那就是，发生在自己身上的事情，无论多么痛苦，你都是逃不掉的。正所谓，是福不是祸，是祸逃不过。只要你勇敢地去面对它，化解它，超越它，事后你会惊讶地发现，原来那些曾经让你痛不欲生的事情，也不过是人生中的插曲，你在战胜它的过程中收获了更多的美好和光明，使你的人生财富得以增加。

美国著名的心理学家罗杰斯曾是个孤独的人，但当他直面这个事实并将其化解时，他成了真正的人际关系大师。日本心理学家森田正马曾是严重的神经病患者，当他战胜疾病时，他发明了著名的森田疗法。他们能将生命中最痛苦的事实转化成人生重要的财富，你也一定能做得到。

边缘系统：为什么说脏话让我们心里更痛快

科学研究表明，边缘系统是指高等脊椎动物的中枢神经系统中由古皮层、旧皮层演化成的大脑组织以及和这些组织有密切联系的神经结构和核团的总称。边缘系统，是大脑中影响或控制情绪的重要部分，其环绕在大脑半球的内侧，形成一个闭合的环状部分。

如今，脏话充斥着人们生活的每一个角落，它的发布平台也早已由最初的污秽之地——厕所发展到了网络。长期以来，无论是家长，还是老师，都想给孩子创造一个没有脏话的"干净世界"，但最终，老师和家长的努力总是徒劳的。纵观历史你会发现，自古至今，这个世界上就不存在所谓的"干净世界"。

人类历史上的每一种语言，甚至每一种方言，在使用的过程中都不会缺少骂人的词汇。如德国人动怒时，会说和排泄物有关的脏话；荷兰人、美国人和英国人，更加喜欢说跟性有关的脏话；北欧斯堪的纳维亚半岛人，则更偏重于说跟鬼以及其他宗教神灵有关的脏话。因此，无论是过去还是现在，都能够在世界各国听到脏话。

荷兰莱登大学的语言学家盖·道切在自己的书中这样写道："人类的脏话最早在5000年前就出现在了书面语言当中。"古埃及人把粗话刻成了象形文字，古罗马诗人则用粗话作诗。而古往今来的世界名人，更是不会和脏话绝缘，如莎士比亚、马丁·路德金和马克·吐温全是"污言秽语"的朋友，歌德更是曾经把批评家骂作狗，而莫扎特则非常喜欢在信上署名"您的甜蜜污粪"。

既然脏话如此受欢迎，那人们想说脏话的心理动机又是什么呢？脏话到底有什么用？它对释放人们的内心情感又有何帮助呢？

脏话的颠覆性让它既可以破坏日常生活的准则，又可以打破人与人之间的隔阂。正是由于这两个特殊的功能，脏话才陪伴着人类走过了漫长的历史。

心理学家的研究还表明，说脏话有益于人们的心理健康。正如美国马萨诸塞自由艺术学院的心理学家和脏话专家迪蒙瑟·杰所说："咒骂能让我们的脑子自由。"他还说："一个人会说出什么样的脏话，是由他身处的社会环境决定的。"这之间有一个固定的规律，那就是说脏话越严重的人，他们对抗社会环境的意图越强烈。

　　早年间，科学研究就已表明，人脑中的额叶系统是脏话在人脑中储蓄的主要场所，而掌握理智的话都位于大脑皮质外层。美国神经学家亚当·安德森和伊丽莎白·菲尔普斯认为，当人脑上层区域不再能够抑制住额叶系统中的情感阻塞时，人就会说脏话。1885年，法国医师图雷特发现，一些边缘系统受损的病人，会出现罕见的精神失调。这种疾病后来被命名为"图雷特综合征"。有的患者会脸部抽搐，或发出清喉咙的怪声，还有10%～20%的患者则会出现"秽语癖"的症状，而且他们根本控制不了自己，脏话就如同溃堤的江水连绵不绝。

　　综上所述，说脏话作为人类远古时代就具有的本能，它对人的生存以及社会化有着特殊的意义。脏话往往是一个人最真实情感的流露，而礼仪只是在外人面前出于礼貌的表示。因此，从某种意义上来说，脏话是一个人内心情感的真实表露！

私人空间：为什么大家都喜欢坐靠边的座椅

　　心理学认为，人与人之间的亲疏关系跟两者之间的空间距离是不成正比的，也就是说，并不是你跟某人挨得越近，你们之间的关系越亲密。在心理学上，人与人之间需要一个安全距离，这个安全距离大约是0.6米~1.5米，倘若这个距离被打破，就很容易给人一种压迫感和侵入感，让人感到很不自在。

　　安全距离范围内的"地盘"，就是一个人的私人空间，倘若这个空间受到挤迫，就会给人造成压迫感。因此，在交往的过程中，你一定要懂得

"距离才会产生美"的道理。

每天早上进入办公室，小王的第一件事就是跟总经理交流工作。为了表示自己跟老板的关系很友好，小王谈话时总是喜欢凑到老总的跟前，而老总却总是不自觉地往后退。

起初，小王的这种谈话方式只是让老总感到不自在，但老总觉得，这只是一个人的习惯而已，于是并没有流露出自己的不满。他试图通过自己的暗示，让小王明白自己很不喜欢这种近距离的接触。

时间一长，老总发现，小王不但没有觉察到自己的行为的不妥，反而变本加厉。老板每向后退一步，小王就会向前追一步。就这样，老总一步步地后退，小王一步步地向前。最后，老总终于忍无可忍了，于是开口道："小王，你干吗总是追着我说话，跟客户也这样吗？你这样很容易让人感到不自在的。"话一出口，小王一时语塞，脸涨得通红。

小王的做法很显然侵犯了老总的私人空间。美国心理学硕士邓肯说过："1.2 米是人与人之间的安全距离，除非是你特别信任、熟悉或者亲近的人，否则无论是说话还是其他的交往，一旦小于这个距离，都会让人产生不安全的感觉。"

生活中，绝大多数的人有一个共同的兴趣爱好，那就是，无论坐公车还是火车，或者是到餐厅就餐，都不约而同地往靠边的座位去。比如当很多人一并涌入一节空车厢时，长坐椅的两端总是先被人坐满，坐椅的中间位置则会后被人坐满。这种现象，同样也是由私人空间意识引起的。坐靠边的坐椅，只有一侧需要与别人接触，这样一来，自己的私人空间相对而言就会变大，带给人一种更加强烈的安全感。再比如，快餐厅、咖啡馆等公共场所，最靠近外侧一排的坐椅也会经常遭遇"冷遇"。这也同样是因为靠里边的位置总是能确保更多的私人空间，而靠外侧的位置则更容易将人暴露。

如果夜间，你独自一人行走在路上，突然有个陌生人出现在离你不远的地方，而且他正在快速地靠近你，你的反应会是怎样？一定是一种紧张感笼罩心头，接着加紧步伐并握紧自己的背包。当他以很快的速度超过了你，这时你的心才会彻底放下来，明白对方不过是在赶路。但是，起初的感觉，同样是私人空间受到挤占的缘故。

其实，人与人之间的情感交流、沟通都要保留一定的安全距离，无论是面对面的直接沟通，还是心与心的交流，这一规则都同样适用。越过了安全范围，就会对别人造成困扰，给人形成压迫感，让人觉得很不舒服。

通常情况下，陌生人群之间的安全距离大约是 3 米，在这样的距离内说话，一是能够使对方听得足够清楚，二是能够保持适当的距离防止过近接触，三是这个空间还足够掩饰自身的缺点和不足。

朋友之间的距离，就会比较接近，大约在 1 米左右，这个距离适合亲密交谈，朋友们聚在一起喝个小酒侃侃大山，或是博弈棋盘，这是再合适不过的距离了。

亲密爱人之间的距离，那就是亲密无间的距离，也有人称之做"零距离"，其距离大约是在 30 厘米或是更近。在这个距离范围内，亲密的人彼此间可以随时保持亲密的接触，或款款情深，或耳鬓厮磨，或相拥而泣，或窃窃私语。

心理补偿：为何在外受气的人喜欢在家里耍横

经常听到这样的话："我这辈子是不可能实现了，等我孩子长大后，我一定要……"试问，你实现不了的事情，你的孩子就一定实现的了吗？他们有这种义务吗？从心理学的角度来讲，父母的这种心理正是一种补偿心理。

补偿心理，原本是指一种生理现象，也就是说当身体的某一器官产生病变或是有缺陷时，另一些器官的功能就会相应加强，以补偿不足。如双目失明时，嗅觉、听觉、触觉会表现得格外灵敏。

比利时一家警察局聘用了 6 名特殊的刑侦人员，他们进行侦查时不是携带手枪，而是挂着拐杖。英国《独立报》报道称，他们是比利时警方对抗恐怖活动和犯罪团伙的"新型武器"。尽管他们都是盲人和弱视者，但他们共同的特点，就是拥有敏锐的听觉，这为警方的监听工作提供了很大帮助。

30 岁的萨哈·范洛就是其中的一员。一次，警方认定一名毒贩是摩洛哥人，而范洛却从这名毒贩的讲话录音中听出了他的阿尔巴尼亚口音。后来，警方将这名毒贩逮捕后，经过询问，发现他确实是阿尔巴尼亚人。

在惊叹这位盲人侦探特殊能力的同时，我们也能从中看到奇妙的补偿功能所发挥的作用。

补偿功能在心理学领域被称为补偿心理。补偿心理是一种心理适应机制，个体在适应社会的过程中总有一些偏差，力求得到补偿。从心理学的角度来看，这种补偿其实就是一种"移位"，即为克服自己生理上的缺陷或是心理上的自卑，而努力发展自己其他方面的长处、优势赶上或超过他人，从而获得心理上的满足感的一种心理适应机制。正是这一心理机制的作用，自卑感成就了许多成功的人士。

美国前总统林肯出身微贱，而且他小时候面貌丑陋，言谈举止缺乏风度。这些先天性的不足，让林肯小时候受尽凌辱。因此，他对自己的这些缺陷十分敏感，而且极其自卑。

为了补偿自身的缺陷和不足，林肯从小学习就很用功，他希望通过自己的努力，改变自己命运。后来，他不仅领导了美国南北战争，还颁布了《解放黑人奴隶宣言》，为维护美联邦统一做出了杰出贡献。最终，他摆脱了自卑，成为受人爱戴的总统。

林肯的成功，正是得益于他对自卑心理的补偿。也正是这种补偿，让林肯重获动力，增强自信，并最终取得成功。可见，由"心理补偿"驱动所采取的积极行为，是一种重塑信心和获得成功的有效途径。

但是，心理补偿在日常生活中也会表现出非常消极的一面。有些人为了弥补自己的心理缺失，往往表现得比较自私，敏感，很容易伤害别人。生活中，那些"窝里横"一族，就是这类人的突出代表。

吴彤的爱情观，就是一定要选择一个性情温和、知书达理、不乱发脾气的男朋友，因为她从小就生活在父亲的暴力之下。工作上不得志的父亲，回到家里总是以各种暴力手段树立他的权威。妈妈的饭菜烧得不合他的胃口，他就会破口大骂；吴彤的考试成绩没有达到他规定的标准，他就会毫不留情地责令她跪在地上，并且拳脚相加；当他喝醉酒的时候，更是无所顾忌地冲着吴彤和她的妈妈撒酒疯，大打出手。

久而久之，父亲的"窝里横"似乎满足了他作为一个男人的自尊心，但他这种坏脾气却深深地伤害了吴彤和她的母亲，在吴彤的心目中留下了阴影，致使她在整个大学期间都不太愿意跟男生打交道，直至她现在的丈夫出现。

恋爱的时候，男友（现在的丈夫）对她关爱有加，呵护备至，嘘寒问暖，这样一来，吴彤那颗尘封了好久的心终于被打开。男友脾气很好，从不对自己发脾气，即便是自己对他发小姐脾气，他也总是笑着礼让。为此，吴彤一直觉得男友就是上天派来照顾自己的。大学毕业后，她毫不犹豫地嫁给了他。

只可惜，好景不长，结婚以后吴彤才发现，那个好脾气的男友消失得无影无踪，取而代之的是一个回家就冲自己发脾气的丈夫。尽管丈夫还没有到大打出手的地步,但是小时候的经历已经让吴彤变得非常敏感,她不想重演母亲的悲剧,成为丈夫的"出气筒"。于是,家庭战争开始了。

  起初,吴彤也认真地听过朋友的劝解,努力关心自己的丈夫,弄明白他回家就发脾气的真正原因,无非就是工作上有一些不顺心的事情,或者跟同事之间的关系不够融洽。尽管吴彤自己也很清楚丈夫的工作压力很大,可是她仍然觉得丈夫不应该把工作中的坏情绪带回家,致使她一看到丈夫皱着眉头的那张苦瓜脸,心里就堵得慌。这样的日子让她觉得度日如年,后来终于闹到了离婚的地步。

  无论是吴彤的父亲,还是她的丈夫,他们存在着一个共同特点,那就是在工作上不得志,在外受了气,回家总喜欢拿自己的家人开火。究其原因也是心理补偿意识的作用。因为人在潜意识中,总是一直在寻找补偿自身缺失的东西,而吴彤的父亲和丈夫缺失的正是男人的自尊。他们在外边受了气,丢了面子,当然希望回家后能够得到补偿。这也正是补偿心理典型的负面影响。

  补偿心理的负面影响,在日常生活中并非不可避免。每个人只要全面、客观地认识自己,发现自己的优缺点,懂得"择其善者而从之,其不善者而改之",用"其善"填补"其不善"之空缺,利用好心理补偿功能,从而保持良好的心态,便可享受美好的生活!

责任扩散：困难面前，为何多数人都袖手旁观

1964年，美国纽约街头发生了震惊世人的吉诺维斯惨案，一位名叫吉诺维斯的姑娘在回家的途中遭到歹徒持刀抢劫，吉诺维斯被歹徒无情地杀害。整个行凶过程持续了三十多分钟，而在这期间，总共有38名目击者从旁边走过，但令人震惊的是没有人上前制止，甚至没有一个人拨打电话求助于警察，致使本可避免的一出惨剧成为事实。

当一个人遭受不法侵害或是意外伤害时，众多的围观者却是无动于衷，甚至麻木地围观，于是我们不禁愕然，难道人类的良知已经丧失殆尽了吗？这更深层次的原因又到底是什么呢？据此，美国社会学家通过一系列实验得出"责任扩散效应"的结论。也就是说，在某种紧急情况下，如果在场的不只一个人，那么，这种帮助他人的责任就会被无形地扩散更多人的身上，扩散范围越大，个人的责任就会越小。因为这个时候，大家很容易想到："既然别人都不出手，如果只有我出手，那岂不是白白地送死吗？"而正是这种想法抑制了个人应有的责任的意识。

2005年，震惊国人的公交乘务员掐死少女案，让众多人为之唏嘘，为之感叹。14岁的花季少女毛毛，在公交车上与公交乘务员辩驳的过程中，竟在众目睽睽之下被乘务员活活地掐死。而当时车上没有一个乘客前去制止。

倘若当时有人站出来劝阻乘务员，或是督促司机赶紧把毛毛送往医院，或许一则悲剧就可避免。而在事后寻找目击证人的时候，很多人仍旧选择

了沉默。尽管最后，我们听到了正义的声音："生命的脆弱只会体现在那战火纷飞的年代，但没想到在今天以这种方式体现……"肇事者也受到了应有的法律制裁，但我们仍不禁要问：人们的正义感哪里去了？

　　一出出的悲剧在上演，难道真的是人类的道德在沦丧吗？从心理学的角度来分析，这是责任扩散现象。责任扩散，可以形象地比喻为"龙多不下雨"。也就是说，如果天上只有一条龙，当大地干旱的时候，它知道关爱大地是己任，于是就会责无旁贷地将甘霖普降大地。而当天上有好几条龙的时候，情况却发生了戏剧性的改变——它们对干旱的大地视而不见。因为它们很清楚，即使玉皇大帝怪罪下来，也不会只怪罪自己。

　　就责任扩散的问题，美国社会心理学家拉特纳和达利还精心设计过一个实验，结果发现，面临危机时刻需要出手援助时，现场的人数越多，愿意援助的人数越少。

　　实验是这样的，一位女实验员安排被试者填写一张问卷后，自己便穿过门帘到隔壁办公室工作去了。4分钟后，被试者听到隔壁传来的尖叫声，接着，是椅子跟人一同跌倒在地板上的声音，随后是呼喊声："噢，天哪！我，我的脚……我……我搬不动它，噢，我的脚……"

　　实验结果表明，被试者是独自一人时的反应跟被试者是很多人时的反应大有差别。被试者单独一人时，其中有70%的机率会试图以不同方式提供帮助；当有两个被试者时，其中一人试图提供帮助的比例为降为40%；而如果另一个人换成无动于衷的假被试者（即研究者的助手），则仅有7%的被试者尝试着提供帮助。

　　很显然，在听到别人的求助信号时，其他人的存在与态度，对自身的选择起到了明显的观众抑制作用。

　　这也正是为何困难面前大多数人选择袖手旁观的真实心理动机。因此，当一出悲剧发生的时候，围观者越多越没人肯站出来，很多人抱着"事不关己，高高挂起"的心态来充当麻木的看客。

其实，责任扩散的事例在生活中到处可见，一些不负责任的行为所导致的严重后果，往往都是责任扩散的心理所引起的。因此，避免责任扩散的事件发生的最好办法，就是将责任具体化。这样一来，被扩散到周围人身上的责任就会重新集中到一个人的身上，这时候，这个人的责任感就会强烈起来。一个人一旦在强烈的责任感驱使下，就会马上采取行动了。

巴纳姆效应：为什么现代人大都相信心理测试

早在两千多年前的古希腊，圣者就在阿波罗神庙的门柱上镌刻了"认识你自己"的铭文。然而，直至今日，人们在自我认识的过程中，还是受到外界各种信息的暗示和干扰，因此别人的言行对自己总是存在着潜移默化的影响，致使无法正确地认识自己。这种心理现象，在心理学上就被称作巴纳姆效应。

为了证实巴纳姆效应，曾经有位心理学家精心设计了一个著名的实验，实验的内容是这样的：

他给一群人做完人格特征测验后，拿出两份测验结果让参试者判断哪一份是自己的结果。第一份是参加测试者自己的结果，第二份则是心理学家根据多数人的回答总结出来的结果。

实验结果表明，绝大多数的参试者认为，第二份结果则更为精确地描述了自己的人格特征，尽管第一份结果才是自己的结果。

了解了巴纳姆效应，我们就不再难理解为什么这么多的现代人都相信心理测试。很多的心理测试，利用的就是巴纳姆效应，那些答案也尽是放之四海而皆准。这就好比心理学家拿出的第二份测试人格特征的结果，正因为它综合并平均了每个人的答案，所以，它对于每个人来说都是准确的。

其实，只要你稍加留意，就会发现心理测试用的都是一些涵盖面很广的话语，它们在多数人身上都可以体现。这就如同在浩瀚的大海里随便抓几条鱼，然后将鱼的特征进行描述，随之让海里的鱼都感到自己确实就是这样的。

因此，心理测试不是因为测试者多么高深莫测，只是他们懂得并利用"巴纳姆效应"，把握了人们从众的心理。

没个性化：为什么看演唱会时人会跟着大声唱歌

如果你看过演唱会或是其他娱乐晚会，你一定会发现，平时内向羞涩的自己，一向不太爱说话，更不太喜欢跟陌生人打交道，可是看演唱会时，你却发现自己在大声地跟着别人一起唱歌，音乐和歌声让你的内心情绪得到释放，于是，你更加喜欢这样的场合，这样的晚会。

其实，大多数人都一样，不仅看演唱会时会附和着大家一起大声唱歌，看体育比赛时也会跟着大家一起高声为运动员呐喊助威。因此，我们不禁要问，为什么同一个人在不同的情况下就会有这么大的差异呢？支配他们这么做的心理动机又是什么呢？

这就是心理学上的"没个性化"现象。也就是说，当人把自己埋没于团体之中时，个人的意识就会变得非常淡薄，而一旦一个人的个人意识变淡薄之后，他就不会再像以前那样在乎周围人对自己的看法，周围的人反而成为一道掩饰自己的天然屏障。在那里，没有人认识他，于是，他可以完全地放松下来做自己随心所欲的事情。

巨大的开放感能使人的需求欲进一步增长，同时由于失去了人际关系的束缚，于是人们在诸如演唱会这样的场合会大声唱歌、高声呐喊。此外，大声喊叫出来，也的确是一种释放精神压力不错的方法，让人顿感心情舒畅。于是，有的人成了"大声狂"，对这种肆无忌惮的喊叫上了瘾。

针对人们的"没个性化"心理现象，著名的心理学家金巴尔德曾做过一个著名的实验。

巴尔德曾以女大学生为实验对象，实验中由工作人员来扮演犯罪者，而参加实验的女大学生则扮演对罪犯进行惩罚的人。参加测验的女大学生被分成了两组，一组人胸前挂着自己的名字，而另一组人则被蒙住头，致使别人根本看不到她们的脸。

接下来，心理学家给参加实验的女大学生发出指示，让她们对犯错的人进行电击惩罚。实验结果表明，胸前挂着自己名字的那一组女大学生在对犯罪者做出惩罚时，显然有些下不去手，而且每个人根据自身性格的不同，电击的时间长短、力度大小也是各有差异。而蒙着头的那一组人，由于别人看不到她们的脸，电击的时间则更长。

于是，巴尔德得出结论：有时，"没个性化"会让人变得很冷酷！

因此，"没个性化"的状态持续发展下去，存在着一定的危险性。倘若人的自我意识长时间里都处于过于淡薄的状态，就会开始觉得什么事都不是自己做的，甚至会觉得自己在做的事情，别人也一定会这么做。如狂热的足球迷，倘若他们的"没个性化"心理极其强烈，就会发展成危害社会的"足球流氓"。

"没个性化"心理现象对人们的言行有着非常重要的影响，无论是在工作中，还是生活中，过于"没个性化"很容易造成个人意识的消失。任何时候，总是一味地附和别人而毫无自己的主张和见解的人是很难成功的。因此，大家只要将自己的"没个性化"心理保留在演唱会、体育赛场就可以了。

色彩心理：为什么蓝色汽车发生事故的概率最高

在国外，曾有专家做过统计，在许多种颜色的汽车中，蓝色汽车发生交通事故的概率要远远高于其他颜色的汽车。很多人不理解其中的原因，这就要涉及心理学中一个重要的概念——色彩心理。

人们常常能感受到色彩对自己心理的影响，这些影响总是在不知不觉中发生作用，左右我们的情绪。心理学家发现，当人们看到不同颜色的时候，自然就会联想到不同的东西。比如看到蓝色，便会联想到天空和大海。看到绿色，便会联想到绿油油的草地。看到红色，会联想到血液……这些不同的联想，造成我们对不用颜色的不同感觉，这便是色彩心理。

还以蓝色汽车举例，为什么这种颜色发生事故的概率最高？专家们为此做了一个实验，他们分别将红、黄、蓝、绿色的汽车摆放在同一个位置，然后让其与试验者保持等距离观察这四种颜色的车。据观察后得出的结果显示，蓝色汽车看起来向下凹陷，显得比实际距离要远，这就足以解释为何蓝色汽车很容易发生事故。相反，红色和黄色看起来是向前凸出的，比实际距离要近，所以这两种颜色的汽车的被动交通事故很少。

虽然我们不能以偏概全地把交通事故的原因推给汽车的颜色，但有一点是毫无疑问的，那就是汽车颜色的可视性、前进色、后退色等性质的不同与事故率的差异是有关联的。因此，我们在路口时要特别注意对向行驶的蓝色汽车，在高速公路上要特别注意前方的蓝色汽车。

很多人认识到了色彩心理的重要性，并将其广泛应用于日常生活的各个领域。比如，路边一些广告牌很多都使用红色、黄色，因为这些色彩不仅醒目，而且有凸出的效果，可以让人从远处就能清晰地看到。同理，在商店里的一些商品宣传单上，很多店员喜欢把优惠活动用红色或者黄色的大字显示，这会产生一种冲击性的视觉效果，也是突出宣传效果的一种手段。

我们看到颜色时产生的这种心理上的错觉还会严重影响到我们的情绪。在英国伦敦，有一座著名的桥叫波利菲尔大桥。它之所以著名，不是因为其设计和外观，而是因为它给伦敦制造了很多不光彩的事件——几乎每年都有人在这座桥上跳河自杀。

为什么人们都选择波利菲尔大桥作为跳河的地点呢？为什么自杀事件从未间断过，且数目越来越惊人？为了搞清原因，伦敦市政府请出皇家医学院研究人员帮忙调查。最开始，研究人员试图通过桥的地理位置、附近集聚人口的情况等方面寻找突破口，但始终找不到满意的答案。后来，研究员转换了调查思路，从自杀者的角度进行分析，最后得出一个惊人的结论：自杀事件与桥的颜色有关。

原来，波利菲尔大桥的桥身颜色是黑色的。黑色给人以黑暗、肃静、深沉的感觉，进而引起人们心理上的压抑。而这种压抑正好对那些想自杀的人起到了催化的作用，让他们沉浸在绝望之中，在黑暗的暗示下选择了跳河自杀。明白了这点，皇家医学院的研究人员马上建议政府把桥身的颜色换成富有生机感的绿色。果然，当年跳河自杀事件一下便减少了近60%。

再举个例子，相信你也曾留意过，很多咖啡店、酒吧的装潢都是一些偏冷的色调。为什么呢？因为冷色调可以使人变得安静，所以很多人喜欢去咖啡店、酒吧闲坐，待几个钟头也不愿离开。同理，在这里等待朋友，也不会觉得时间漫长。相反，快餐店的装潢则以橙色和红色为主，这两种颜色有使人心情愉快、兴奋的作用，可以增进人的食欲，更重要的是会增加人的紧张感，所以来快餐店的顾客吃饭时间都很短，吃完就走，少有人会在此逗留。

综上所述，颜色对人的精神和生命活力有非常重要的作用，同时对人们的心理影响也很大。那么，我们能不能根据一个人喜欢的颜色，判断出此人的性格特征呢？答案是肯定的。

白色：喜欢白色的人志向高远，无论对于爱情还是事业都有着很高的追求，而且会向着自己的目标努力。

粉色：喜欢粉色的人多愁善感，心灵敏感，容易受到伤害。不过，他们天生是优秀的协调家，尽管满腹委屈，却可以很好地改善自己的情绪。

紫色：喜欢紫色的人感情充沛，情趣高尚，责任心强，富有激情，喜欢冒险。

蓝色：喜欢蓝色的人性格安静，遇事沉着，喜欢思考，做事有条不紊。他们天生不自私，只要有人求援，他们一定会给予帮助。

绿色：喜欢绿色的人容易成为别人最好的朋友。热爱和平是他们固有的责任，他们希望每个人都能过上和谐的生活。

黄色：喜欢黄色的人比较随和，善于交际。而且，他们对任何事都有很强的好奇心，因此他们的创新能力很强。

红色：喜欢红色的人容易激动，脾气略显暴躁，不过他们坚强、勇敢。

棕色：喜欢棕色的人自尊心很强，此外，他们非常珍惜传统和热爱家庭。

灰色：喜欢灰色的人能明辨是非，但他们疑心重重，往往做事之前要反复考虑很久。另外，他们平时为人非常低调。

黑色：喜欢黑色的人往往对生活充满忧郁，感觉事事都不顺心，常常愁绪满怀。

第四章

今天你可以很快乐

　　你快乐吗？如果你正在享受快乐，那说明你的人生很阳光、很灿烂。如果你不快乐，你想过其中的原因吗？上帝毫不吝惜地把快乐送给每一个人，可有的人却似乎天生跟快乐无缘，太多的纠结、苦楚纠缠着他们，导致他们情绪无常。其实，上帝是公平的，每个人的心里都有阴霾的角落，只是快乐的人们懂得转动心灵的角度罢了！

情商指数：决定着你的幸福指数

你幸福吗？如果你的答案是否定的，觉得自己正过着不尽如人意的生活，你有没有想过这其中的原因呢？如果我在这里断言：你不幸福，是因为你的情商不够高，你又会做出何种反应呢？千万别动怒，因为情商高的人，总是善于把握和调控自己的情绪，从不会轻易就发火。

情商（EQ）又称情绪智力，主要是指人在情绪、情感、意志、耐受挫折等方面的品质。其理论创始人沙洛维和梅耶教授在1996年把情商界定为对情绪的知觉力、评估力、表达力、分析力、习得力、转换力、调节力，涵盖了自我情绪控制的调整能力、对人的亲和力、社会适应能力、人际关系的处理能力、对挫折的承受能力、自我了解程度以及对他人的理解与宽容等。

美国心理学家还认为，情商主要包括对自身情绪的认知能力，对自己情绪的妥善管理能力，自我激励的能力，对他人情绪的认知能力，领导和管理能力。由此我们可以看出，情商涵盖了生活的方方面面，但归根结底，它反映了一个人在日常生活中与自己、与他人交际的能力。因此，一个懂得控制和把握情绪的人，将会是一个幸福的人。换言之，一个人的情商指数，决定着一个人的幸福指数。

彼得的父亲在当地是一名小有名气的商人，他经常到爸爸的商店去玩耍。在那里每天都有一些收款和付款的账单需要处理，彼得经常帮忙把这些账单送往邮局寄走，渐渐地，彼得觉得自己也是一名小商人了。

一天，彼得突发奇想，想出了一个在妈妈那里争取到更多零花钱的好主意，他按照爸爸账单的样子开了一张收款账单寄给妈妈，目的就是为他每天帮妈妈做的事索取报酬。

账单很快就寄到了妈妈的手里，妈妈打开账单，发现上面写着：妈妈欠彼得的款项：

取回生活用品　　　　　　　　20芬尼
把信件送往邮局　　　　　　　10芬尼
帮助大人在花园里干活　　　　20芬尼
自己一直是个听话的好孩子　　10芬尼
共计：60芬尼

彼得的妈妈收下了这份账单并仔细地阅读一遍，然后给彼得回复了一封信，当然，信里也不例外地有一份账单。

晚上，小彼得在他的餐盘旁边看到了60芬尼，他为自己的如愿以偿非常得意。可是，正当他准备把钱放进自己的口袋时，发现了餐盘旁边还放着一个属于自己的信封。于是，他打开了信封，发现了妈妈给自己的账单：

为你在家里过的10年幸福生活　　0芬尼
为你提供的10年的吃喝　　　　　0芬尼
为你生病时的悉心护理　　　　　0芬尼
为自己一直是个慈爱的母亲　　　0芬尼
共计：0芬尼

彼得读着读着，很快便涨红了脸，感到羞愧万分。过了一会儿，他蹑手蹑脚地来到妈妈的房间，偷偷地将那60芬尼塞进了妈妈围裙口袋。

彼得妈妈的做法，就是高情商的一类人中很好的范例，她并没有对儿子的账单感到生气，而是以一种很巧妙的方式让孩子认识到父母无私的付出。

无论是在生活中还是工作中，成功的人无疑都具有较高的情商，因为

心理学与生活
让你受益一生的88个心理学定律

只有以融洽的人际关系为基础，才能实现自己的人生目标。卡耐基曾经说过："一个人的成功，只有15%是靠他的专业知识，而85%要靠他良好的人际关系和处世能力。"

王磊和陈军曾经是一对非常要好的哥们儿，他们的友谊建立于高中的篮球场上。高中的时候，只要一有时间，王磊就会拉上陈军到篮球场上一起切磋球技。

尽管两个人有着共同的兴趣爱好——篮球，但他们的性格仍有着很大的区别。王磊大大咧咧，喜欢跟人打打闹闹，而陈军则是少言寡语，不太爱跟人打交道。陈军在学习成绩方面比起王磊有着明显的优势，他的学习成绩在班级里边一直名列前茅。王磊则不同，学习成绩平平，但人缘却非常好，有着一大帮铁哥们儿。

他们的命运在高中毕业时发生了变化。陈军如愿以偿进入一所名牌大学继续深造，而王磊则由于成绩不佳而名落孙山。就这样，俩兄弟开始"分道扬镳"，陈军去了名牌大学继续学习，而王磊则到外地打工。

四年的时间转眼即逝，陈军大学毕业了。尽管毕业于名牌大学，但他仍然面临着大学生就业难的压力。

这一天，陈军跟往常一样早早地出了家门去面试。可是，走进面试间，跟面试官面对面时，两个人同时怔在那里。原来，坐在对面的面试官正是自己的同窗好友——王磊。"是你？"两个人异口同声地惊讶道。

原来，王磊高中毕业后就进入了这家公司做起了销售，四年的打拼和磨炼，让本来就很善于与人交际的王磊坐到了销售经理的位子上。而如今，陈军大学毕业了，则来到了他的旗下，做起了他的下属。

例子中的王磊和陈军，很显然一个是情商很高的职场成功人士，一个则是智商很高的名牌大学毕业生。倘若说智商是先天的，带有无可奈何的宿命色彩，那么一个人的情商则可以通过后天习得，如一个人的交际能力总是在与人交际的过程中不断地进步。但无论智商高低，在心理学上，一个人的情商作为非智力的因素，总是对一个人的事业成功与否起着非常关键的作用。

一个事业有成的人，不一定幸福；但幸福的人，则一定很成功，他们总是保持健康积极的心态，能够用理智驾驭自己的情绪。除此之外，他们还总是能够及时发现和了解别人的情绪，懂得察言观色，理解别人的感受。人际交往中，他们总是八面玲珑，无论到哪里，都会成为众人瞩目的焦点。这样的人，或许没有钱，也或许没有权，但当他们遭遇狂风暴雨时，总是能够借助别人的船躲过生命的暗流。

海格力斯效应：你的肩上是否扛着"仇恨袋"

生活中，总是听到类似这样的话语："你不让我好过，你也别想好过。"说此话的人咬牙切齿，听此话的人则毛骨悚然。这种在人际交往中"以血还血、以牙还牙""以其人之道，还治其人之身""你跟我过不去，我也让你不痛快"的冤冤相报心理致使仇恨越来越深，在心理学上被称为"海格力斯效应"。

希腊神话中，有一位叫做海格力斯的大力士。一天，他走在坎坷不平的路上，突然看到脚边有个鼓起的袋子。袋子很难看，于是海格力斯下意识地往上边踩了一脚。

可是令海格力斯万万没有想到的是，那个袋子不但没有被他踩破，反而成倍地膨胀起来。这情景彻底激怒了海格力斯，他顺手操起一根碗口粗的木棒砸向那个袋子。结果，那个袋子不但没有被他砸破，反而更加膨胀起来。最后，袋子大到把路也堵死了。海格力斯发现自己根本奈何不了它。

海格力斯正在纳闷，一位圣者向他走来。他对海格力斯说："大力士，你是不可能把它砸破的，它的名字叫做'仇恨袋'。你不惹它，它便会小如当初；若你惹到它，它就会膨胀起来与你对抗到底。你还是赶紧躲开它，找其他的路前行吧！"

海格力斯恍然大悟，谢过圣者，掉头朝相反的方向走去。不久后，那个袋子就恢复到了原来的大小。

生活中，海格力斯现象比比皆是，你打我一拳，我踢你一脚，你吐我

第四章　今天你可以很快乐

一脸口水，我尿你一身臊……于是，彼此间陷入了无休止的仇恨之中。直至彼此都由于扛着"仇恨袋"而疲惫不堪，却还在打骂不休。很多人认为，在相互诋毁、诽谤的过程中，倘若退让则是很丢脸面的事，只有争到面红耳赤，甚至大打出手，方可分出高低。这样一来，仇恨就像一只拦路虎，挡住了大家共同前行的道路。

张辉比刘蒙晚几个月进入公司，但是，他们的工作内容都是一样的——跟踪服务客户。当然，收入跟业绩是紧密联系在一起的。刘蒙早来几个月，很显然对工作上的一些细节更加熟悉、了解。

张辉刚来公司的时候，老板让刘蒙带带他。刘蒙虽然表面上很爽快地答应下来，但是在工作的过程当中，他根本就没有把张辉当作自己的同事，而是把他看做自己的竞争对手，因此，他并没有给予张辉真正的帮助。

让张辉最不能接受的是，自己刚来公司，处于对"前辈"的信任，他把自己已经谈得差不多、只是缺少临门一脚的客户信息给了刘蒙，希望他能够助自己一臂之力。结果，那单子却鬼使神差地落到了刘蒙的手里。张辉当然明白，这是刘蒙从中做了手脚。从那时起，他们的积怨就沉淀了下来。

　　后来，张辉凭借自己的才智和努力，终于在公司争得了一席之地。但是怨恨就像一颗种子早已在他的心中扎根，他认为自己报复刘蒙的时机已经成熟了。于是，当刘蒙的客户把电话打到办公室时，如果恰巧刘蒙又不在办公室，张辉就会使出浑身解数，把他的单子"搅黄"。

　　这样一来，刘蒙的业绩大不如从前。后来，刘蒙从其他同事那里听到了"风声"，于是，办公室里一场没有硝烟的战争正式拉开帷幕。直至后来，他们两个由于都没有完成公司任务，被双双解聘。

　　这种损人不利己的做法应该说是世界上最为愚蠢的做法。但是，很多人宁愿当愚昧的傻子，也不愿意放下心头的仇恨。日常的交际中，人与人之间的摩擦、误解和恩怨总是在所难免的，如果你的肩上一直扛着"仇恨袋"，最终一定是在堵死对方的路的同时，也堵死了自己的路。

　　如今，懂得了心理学上的"海格力斯效应"，你就应该对自己的行为重新做出判断，看看自己的所作所为是否值得。如果你觉得自己正在被小人算计，不妨躲开他绕道而行，在放他一马的同时也放自己一马。不是有人说"路的旁边也是路"吗？

杜利奥定律：生活就要充满热情

美国自然科学家、作家杜利奥提出：没有什么比失去热忱更使人变得垂垂老矣，而精神状态一旦不佳，一切都会处于不佳的状态。这就是著名的杜利奥定律。

心理学家告诉我们，乐观能够使人经常保持轻松、自信的心境，并且情绪稳定，精神饱满，对外界没有过分的苛求，对自己也会有较为客观的评价。乐观的人即使在遭遇挫折、不幸时，也总是会看到光明的一面，并发现失败背后的意义和价值，而不是轻言放弃或是怨天尤人。

一个人心态上是积极的还是消极的，直接决定了其生活是光明的还是灰暗的。乐观的人面对仅有的半杯水时会说："哇，好幸运，我还有半杯水呢！"而悲观的人面对此景会伤悲地说："唉，真可怜，我只剩下半杯水了！"

一位将军到沙漠参加军事演习，他的妻子塞尔玛随军驻扎在陆军基地里。沙漠中的气候相当恶劣，昼夜温差极大，白天整个沙漠就是一个庞大的火炉，而到了晚上，肆虐的风又像是要把人冻死。这样的生存环境让塞尔玛难以忍受。

更可怕的是她在那里没有一个朋友，她身边的人尽是墨西哥人和印第安人，他们统统不会讲英语。这样的日子让塞尔玛感到度日如年，于是她经常写信给父母，诉说自己的不幸和立刻想回家的心愿。

父亲接到塞尔玛的信并没有马上给她回信，因为他很清楚女儿需要的

心理学与生活
让你受益一生的88个心理学定律

不仅仅是简单的安慰，而是一种热情，一种对生活的热情。经过再三斟酌，他给女儿回了一封只有两行字的信："在一所监狱的一间牢房里关押了两个犯人，两个人从牢中的铁窗望出去，一个看到的是地上的泥土，而另一个看到的却是天上的星星。"

塞尔玛看了信后心头一颤，于是，下定决心要在沙漠中寻找星星。从那以后，塞尔玛的生活发生了巨大的改变。她开始和当地人交朋友、互送礼品，研究沙漠里的仙人掌、几百万年前的海螺壳。渐渐地，她迷上了这里，后来写了一本命名为《快乐的城堡》的书，书中是对这段人生经历的描述。

原本悲观的塞尔玛看到的只是泥土，当心态发生转变，找到生活中积极而乐观的热情后，她看到的就是星星。同样的环境，不同的心态，就能够活出不一样的人生。倘若生活中缺乏热情，你便将遗憾地与生活中的美好擦肩而过。

其实，人与人之间，能力的差异是微乎其微的，而最大的差异就在于人的心态。幸福的人都有一个共同点，那就是他们对生活充满热情，凡事都会怀着一颗积极上进的心，乐观地直面人生中的种种挑战。功成名就的人，在成功之前，他们也只是芸芸众生中普通的一员，而他们的热情让他们投入地做好每一件事，也正是他们的热情感动了"幸运之神"，进而登上了成功的巅峰。

阿基勃特曾经是美国标准石油公司里一名普通的职员，他曾经业绩平平，更没有什么过人的才能，在公司里是毫不起眼的一位普通职员。但他有一个令其他员工费解的习惯：每次出差住旅馆时，他都要在自己签名的下方写下"每桶4美元的标准石油"的字样。除此之外，他自己平时的书信及收据也毫不例外地写上这样的字样。为此，他的同事们戏称他为"每桶4美元"。

后来，这件事传到公司董事长洛克菲勒耳中，他不禁赞叹地说道："这名职员为了宣扬公司而不遗余力，这么忠心的职员，我一定要见一见他。"于是，阿基勃特被邀请与洛克菲勒共进晚餐。

再后来，洛克菲勒卸任后，他把董事长的位子传给了阿基勃特。在人才济济的标准石油公司中，比阿基勃特更有才华的职员比比皆是，然而他却脱颖而出，这其中最大的区别就在于，他拥有别人不可比拟的热情。因此，也只有他能当之无愧地坐上董事长这第一把交椅。

美国作家爱默生曾说过："一个人如果缺乏热情，那是不可能有所建树的。"他还说过："生活的乐趣取决于生活本身，而不是取决于你所从事的工作或是地点。"从中我们不难看出，是一个人的热情在改变着生活，而不是生活改变着一个人的热情。因此，无论何时都不要丢掉了对生活的热情，否则你的生活就会形如枯槁，毫无生机和乐趣。

当然，热情指的是对生活的一种态度，而不是一种盲目的乐观。我们知道，生活如同逆水行舟，处处都是艰辛和磨难。只有积极地去面对，抱着对生活的信念和热情去创造财富和事业，生活才会回馈你幸福和快乐。而消极的心态，只能把生活中的苦难、困难扩大，即使机遇就在身边，你同样也会熟视无睹，对生活感到乏味与失望。这样的生活态度，幸福与快乐又怎么可能问津于你呢？成功，也只能是天方夜谭！

刚柔定律：拿得起，更要放得下

老和尚携一位小沙弥云游四方。一天，遇大雨天，他们又恰巧要过一条河，这时，老和尚看到一位正准备过河的女子。可是，由于天降大雨，河水上涨，她又不敢过，于是，站在河边焦急万分。

眼看再不过河，河水继续上涨，他们谁也过不去了。情急之下，老和尚二话没说，没经女子同意，便主动背起她过了河。过河后，老和尚放下女子，继续与小沙弥赶路。

小沙弥把这一幕看在眼里，他为师父的行为感到耻辱，因为他觉得师父犯了戒。于是，一路上，他再也不跟师父说话。直到晚上，他们住进了旅店，发现师父毫无忏悔之意，小沙弥便指责师父道："师父，色乃佛门大戒，你怎么可以背一女子过河呢？"

老和尚听后，感叹道："我早已将那女子放下，真正没放下的是你呀！"小沙弥听后，知道自己道行尚浅，方不再说话。

这则故事讲的就是佛门中著名的"拿得起，放得下"的禅理。其实，不仅悟道如此，为人处世也同样如此，既要拿得起，又要放得下。仔细思量，生活就是在"拿得起，放得下"之间来回徘徊。有的人放不下金钱，有的人放不下权力，有的人放不下一己私欲，有的人放不下心中的偏执……因此，心理学家提示人们，只有做好了"放下"的学问，才能真正收获人生的快乐！

拿起容易，放下难。很少有人能够做到对待成功宠辱不惊、淡然受之；也很少有人能够做到对待失败潇洒一笑，坦然处之。

在亚马逊密林中生活着一种蜘蛛猴，它们的个头很小，虽然也就有十几厘米高，但可以说浑身都是宝，而它们的皮毛尤为名贵。一直以来，当地的老百姓很想把捕捉这些蜘蛛猴作为自己谋生的手段。但是，由于这种蜘蛛猴生活在密林中最高的树上，因此，要想逮住它们并不是一件很容易的事。后来，一位土著人想出了一个最为简捷的办法，他在小玻璃瓶里装上一粒花生，然后把瓶子放到树下，自己便悄悄地离开了。

树上的蜘蛛猴从树上爬下来，把手伸进瓶子里抓住花生。可是，瓶子的口太小了，蜘蛛猴握住花生的拳头太大，根本不可能从中拔出来。

就这样，蜘蛛猴成了土著人的猎物。直到土著人将它们带回家，准备杀死的时候，贪婪的蜘蛛猴仍然不肯松开自己握着的拳头，而它为的就是瓶中那一粒小小的花生。

偏执的蜘蛛猴，由于自己无法"放得下"一粒小小的花生而让自己命丧黄泉。读罢这则故事，很多人都在嘲笑蜘蛛猴的贪婪和无知。但是，日常生活中，这样的悲剧却时有上演。倘若你的手中抓着一件东西不肯放手时，那么，你只能拥有这一件东西；倘若你肯放手，那么，你就会有更多选择的机会，就会有机会拥有更多的东西。如果一个人一心死守自己的私念而不肯放下，那么，他的智慧也就只能达到这种高度而已。由于心没有了空间，因此无法超越。

"菩提本无树，明镜亦非台。本来无一物，何处惹尘埃。"倘若说人的心灵就是一面镜子，同样的一件事物，在不同人的心里折射出的光影是不一样的。倘若记挂太多，从不懂得放下，人的心灵就会灰暗起来。不管是开心的，还是不开心的，统统让它们在自己的心中安家落户，你的心灵就会如同草地一样杂乱无章。而那些痛苦的情绪和不愉快的记忆充斥在心里，就会使你看起来委靡不振。因此，扫地除尘，放下该放的事，让阳光洒进你的心灵，生活也会随之明亮起来。把自己心灵中那些无谓的痛苦赶出去，你的心灵才会有更多的空间来装载快乐。

刚柔相济的人，任何时候都懂得放下，他们总是懂得放下自我，舍弃拥有。心理学家曾做过一个实验：让100个年轻人做同样一件事情，其中的一半把事情做完，另一半人则被勒令中途停止。结果发现，很长一段时间过后，那一半中途被迫停止的人对没能完成的事情仍旧耿耿于怀。

这说明，人们对自己想做但又没有达到目的的事情会长期地放不下。但是我们又不得不说，这样的"放不下"除了让自己刚愎自用外，几乎没有其他的意义。因此，懂得刚柔并济，才是成功的王道。

气球定律：气大伤身，聪明的你不生气

科学研究表明，人的大脑中有一个叫做"脑岛皮层"的组织，当人的精神受到刺激、情绪发生变化的时候，这种信息便会很快地通过"脑岛皮层"传递到心脏，从而使心肌负担加重，心室纤维发生颤动，严重者则会因心跳停止而死亡。因此，生气是会给人的生命安全造成危害。同时，当人处于极度愤怒状态并出现"冲动高峰"时，人体的促肾上腺皮激素大量释放，并与血液中的白细胞"拥抱结合"，致使白细胞杀灭致病微生物的能力大大减弱。据此，医学工作者一直说："生气，是百病的根源。"

英国著名化学家亨特因为在一次医学会上被别人顶撞而大动肝火，导致心脏病复发，最终酿成了悲剧，当场身亡。可见，怒气就犹如藏在我们身体里的一枚定时炸弹，随时都有可能酿成大祸。

因此，无论是跟别人发生争执，还是自己被一些不愉快的事搞得心情不爽想要大动干戈时，你一定不要先急着拍案而起、怒发冲冠。倘若这时实在找不到更好的办法缓解矛盾，不妨选择三十六计中的"走为上计"。

很久以前，释迦牟尼到处普度众生，为众讲法，受世人爱戴，可是也招来有些人的嫉恨和误解。一次，在释迦牟尼讲经说法的时候，一个人大大咧咧地走到他跟前，出口大骂，而且污言秽语不堪入耳，说法被迫中断。

众人为此愤愤不平，可令他们感到奇怪的是，释迦牟尼一如既往地闭着眼打坐，而且面不改色。起初，那个人见释迦牟尼并不还口，于是越骂越起劲。最后，他终于骂累了，就喘着粗气问："我骂你，你为何不说话？"

第四章　今天你可以很快乐

释迦牟尼缓缓地睁开眼："如果你送别人一份礼物，但别人并没有接受，那么，这一份礼物最终会在谁的手里呢？""当然还在我手里。"那个人不假思索地答道。"那你刚才的怒骂，我一概听而不闻，你那怒气不是还要回到你自己身上吗？"那个人一时语塞。

最后释迦牟尼语重心长地说："气大伤身，你伤的还是自己啊！"

心理健康学认为，心理和生理的划分只是相对的，而非绝对的，所以心理与身体是一体的，不能生硬地将其分割开来，人的心理变化对身体有着不可估量的影响。不良的情绪、违反自然的观念、过分执拗的想法，都极有可能导致人体内气血的循环不良，给人的身心带来一定的痛苦，严重者还会导致器质性病变。

其实这很好理解，当一个人身体不好时，他的心情也往往随之发生改变；当一个人心情不好时，他的身体也会随之出现一定的不适。

医学家更是断言："救人要先救心，治病却治不了命。"其实，改变命运首要改变的就是自己的性格和脾性。性格决定命运，而性格和心理又是分不开的，性格和心理改变了，就可以改变命运。

有一只骆驼在沙漠中无力地行走，火辣的太阳简直就是一个大火球，像是要把整个沙漠吞没。骆驼又饿又渴，焦急万分，但它仍要不停地赶路。于是，一肚子的火不知该往哪儿发。

谁知，屋漏偏逢连夜雨，这时一小块玻璃片不偏不倚地扎中了骆驼的脚掌心。本来就满腹怨气的骆驼，这下子被这小小的玻璃片扎了一下，顿时火冒三丈。于是，它抬起脚狠狠地向碎玻璃片踢了过去。谁知，这一踢，让它的脚掌开了一道深深的口子，汩汩的热血染红了沙漠。

生气的骆驼由于疼痛只好一瘸一拐地向前走，身后留下了一串长长的血迹。血迹引来了空中的秃鹫，它们在骆驼的上方盘旋着。骆驼一惊，不顾伤势狂奔起来，在它的身后，是更浓、更长的血迹。

骆驼不顾一切地一路狂奔，最终到了沙漠的边缘。这时，浓郁的血腥味儿引来了附近的沙漠狼。此时的骆驼已经疲惫不堪，加之流血过多，无力的骆驼变成了"无头苍蝇"，到处乱窜。

仓皇中，骆驼跑到了食人蚁的巢穴附近。鲜血的腥味儿惹得食人蚁倾巢而出，向骆驼扑过去。刹那间，黑压压的食人蚁就像一块黑毛毯，把骆驼裹了个严严实实。不一会儿的工夫，可怜的骆驼就倒在了血泊之中。

临死前，骆驼追悔莫及地叹道："唉，我为什么跟一块小小的碎玻璃片过不去呢？"

骆驼直至临死，才明白不该跟一片小小的、而且只是扎了自己一下的玻璃片过不去，只可惜为时晚矣。骆驼如此，人又何尝不是呢？很多人往往为了一件小事就大发雷霆，等到心平气和下来，又开始后悔自己的行为。

俗语说：一个愤怒的人只会破口大骂，却看不见任何东西。生气会暂时蒙蔽人的双眼，导致人们做出违背常理之事。因此，任何时候你都要学会三思而后行，要懂得生气是不好的，是一种具有破坏性的情绪，倘若让它蛰伏心中，它就会伺机操纵你的生活。

任何时候，都要学会原谅自己，并懂得原谅他人，不让自己的"过错"折磨自己，更不要拿别人的"过错"来惩罚自己。做一个聪明的、不生气的人，让自己在心平气和中享受生活的美好！

压力阀效应：把自己从紧张情绪中解救出来

生活步伐的日益加快，让我们感到越来越力不从心。无论是家庭还是职场，都犹如一座无形的大山压在我们的肩上，让我们不堪重负，苦不堪言。可是，人的精力终归是有限的，往往顾此失彼。

但生活仍在继续，我们没有逃避的权力。久而久之，我们发现自己的脾气越来越坏，动辄就会大发雷霆，还时不时会拿起桌边的茶杯狠狠地砸向门口那盆已经枯萎的栀子花。老板的不满，朋友的疏远，亲人的抱怨，更是让人焦躁不安。世界如此之大，却没有让自己逃离的空间，世界人口众多，却没有一个真正理解自己的人。

其实，大家都觉得周围的事物在改变，那肯定是在改变；倘若眼前的一切，只有你一个人感到在变，而其他人却是无动于衷，只能说变的是你，而不是外界的事物。这一切都是紧张惹的祸。

王敏在一家房地产杂志社做副主编，多年来的工作经验，已经让她习惯于挑灯夜战。但最近不知怎么了,她总是感觉自己提不起神来,而且常感到疲惫不堪。可是一年一度的房交会在即,为了房交会的特刊,部门的每个人都跟上紧了的发条一样在忙活,自己当然更是不能怠慢。

老板知道王敏的工作能力强,于是把整个房交会的重头戏压在了她的身上,当然更希望她不负领导期望。封面、扉页、封底到底该怎么设计,文章的内容、格式怎么做才会更出彩,王敏为此绞尽脑汁。终于,在房交会的前一个周末把自己认为还算比较满意的一份策划交给了主编。为此,王敏如释重负。

可是周一的早上,王敏刚刚推开公司的门就被主编叫进了办公室。"这份策划大体可以,问题也不少。我都已经给你标注了,你赶紧做出调整。"主编一边翻着策划案一边没好气地对王敏说道。王敏"哦"了一声,就接过了那份"满篇红"的策划案。

回到自己的办公室,王敏看着那份面目全非的策划案,感觉自己的头都快炸开了。整个策划案几乎被否定,她的神经马上紧绷起来。此时,看着桌子上摆着刚刚从楼下带上来的鸡蛋灌饼,她突然有一种作呕的冲动。

王敏来不及顾及自己想呕的冲动,顺手把鸡蛋灌饼丢进了脚下的垃圾桶,接着为那份策划案忙碌起来。

"怎么回事?怎么越做越离谱,我不是都给你标注了吗?"老板用手敲着桌子上的策划案,对王敏失望地吼道。王敏感到一阵晕眩,这是她奋战了三个晚上的战绩。

王敏开始失眠了,别说做策划,就连坐公车她都感觉自己晕乎乎的,脑袋上就戴带着一顶帽子,帽子不但厚,而且很沉,压得自己头晕目眩,胸口发闷。

老板来不及跟王敏啰唆,更来不及督促,他直接果敢决定:"让小刘来负责这份策划案,你去布置会场。"老板说这话时,眼神里的失望不加掩饰,王敏的心里更是"突、突"跳个不停。接下来,王敏的表现更是糟糕,她开始忧心忡忡，恐惧不安。办公室里，她总是感觉到别人异样的眼神，工作起来根本无法集中自己的注意力。回到家里，她的脾气越来越暴躁，跟自己一起住的弟弟这几天一看见她就跟老鼠见了猫似地逃离。

又是周五的晚上，王敏看到酒突然有一种一醉方休的冲动。结果，她如愿以偿地喝醉了。一觉醒来，已是大天亮，头有点疼，但感觉心情好了很多。弟弟这时在旁边小心提议："姐，今天天气不错，我们出去走走吧！"

王敏跟弟弟去了游乐园，在那里，她的肉体受到了折磨，而她的精神却得到了释放。

例子中的王敏显然被那一份策划案搞得太紧张了，以至于焦虑不安，脾气暴躁。倘若生活中的你也跟王敏一样，时不时地就会焦躁不安，你就要注意自己的心理变化了，一定要懂得给自己的心情放个小假，适时地调整自己的心态来应对生活中的各种困扰。

事实上，紧张并不是"一无是处的"。心理学研究表明，人的心理紧张系数与工作学习效率呈倒"U"曲线的关系，适度的心理紧张对人们所从事的活动反而能起到良好促进作用，有助于人们的唤起注意力并排除干扰，集中精力去迎接生活中的各种考验。但是，紧张过度就会物极必反，不但不利于提高工作、学习的效率，还会影响到身心的健康。

其实，大多数的紧张是因为不够自信。适度的紧张是我们的"朋友"，是帮助我们全神贯注的"助推器"。所以，当自己感到紧张时大可不必一味地逃避，要学会遏制和缓解自己由于紧张而带来的坏情绪。这个时候，你可以尝试着开展积极的自我对话，问问自己如此紧张的原因到底是什么。你不妨到郊外走一走，呼吸一下新鲜的空气，这对缓解你的压力有着非同小可的意义，因为运动本身就是缓解压力的好方法。

踢猫效应：别成为坏情绪的传递者

某公司董事长为了整顿公司的风气，需要在公司的员工面前树立自己的形象，于是他许诺自己会早到晚回，给员工做表率。

就在他信誓旦旦地表态后不久，一次他由于看报看得太入迷了以至于忘记了时间。为了不迟到，他开车在公路上疾驰，结果由于超速驾驶被警察开了罚单，最后还是因为耽误了时间而迟到了。

他进入自己的办公室时愤怒至极，但为了转移别人的注意力，他将销售经理叫到办公室训斥一番。结果，销售经理气急败坏地走出办公室，接着又将自己的秘书叫到办公室并对她挑剔一番。

秘书无缘无故被人挑剔，自然是一肚子气，就故意找接线员的茬。接线员作为公司的最底层，在公司里自然找不到适合自己的发泄对象，只好无可奈何地窝着一肚子气挨到下班，垂头丧气地回到家里，看到自己的儿子就大发雷霆，窝了一天的气立刻爆发出来。

儿子莫名其妙地被父亲痛斥之后非常恼火，于是，为了发泄，便狠狠地踢了一脚自己家里的猫。

猫受到小主人莫名的一踢后逃出家门，一路狂奔，这时，一辆汽车疾驰而来，猫就这样惨死在车轮下……

上面的例子里，坏情绪就像从金字塔的塔尖一直扩散到最底层一样，而那个无处发泄的、最小的元素——猫，成为最终的受害者。这种现象在心理学上就被称为"踢猫效应"。

踢猫效应在生活中非常常见。很多人在受到批评之后，并不能冷静地分析一下自己到底为什么会受批评，而是让自己的坏情绪毫无控制地蔓延，蒙蔽自己的心智，只觉得心里很不舒服，总感觉自己只有找人发泄心中的怨气才能平息心头的怒火。

其实，受到批评，人的心情自然不好，这本是无可厚非的事情。但必须清醒地认识到，批评之后所产生的"踢猫效应"不仅于事无补，反而容易激发更大的矛盾，更是一个人没有接受批评、没有正确地认识自己的错误的一种表现。

一天，林肯正在办公室整理文件，陆军部长斯坦顿气呼呼地走了进来，一屁股坐到椅子上，一句话也不说。根据以往的经验，林肯一看到这个气急败坏的陆军部长，就知道他肯定又被人指责了。

"怎么了？到底发生了什么事？说说看，也许我能给你出出主意。"林肯笑着对斯坦顿说。

林肯一开口，斯坦顿就像是找到了发泄的对象，对他咆哮道："唉，简直是太气人了，今天有位少将竟然用带有侮辱性的口气跟我讲话，可笑的是，他所说的事根本就不存在。"

斯坦顿满以为林肯会安慰他几句，然后痛骂那名少将一通，即使只是为了安慰。但林肯并没有这样做，而是建议斯坦顿写一封信"回敬"那位无礼的少将。

"你可以在信中狠狠地骂他一顿，让他也尝尝被指责的滋味。"

"对，你说得很对，我一定要大骂他一顿不可，他有什么权力指责我呢？"斯坦顿立刻写了一封措辞激烈的信，然后拿给林肯看。

林肯看完后，对斯坦顿说："你写得太好了，要的就是这种效果，好好地教训他一顿。"林肯一边说着，一边把看完的信顺手扔进了炉子里。

斯坦顿看到林肯把自己的信扔进了炉子，大感不解，皱着眉头问道：

"喂，你在搞什么，是你让我写这封信的，现在你竟然又烧掉了它。"

林肯笑着回答说："难道你不觉得，写这封信的时候你的气已消了大半吗？如果还没有完全消气，那就接着写第二封吧。"

毋庸置疑，林肯是位杰出的政治家，他的英明和智慧，世人有目共睹。在这件事情的处理过程中，他无疑就是利用了心理学上的"踢猫效应"。因为他懂得，倘若不让斯坦顿将自己的坏情绪发泄出来，他就会将其蔓延到一些无辜的人那里，这样下去，形成一条链条，这本该在他这里终止的"怒气"就会影响到更多的人。因此，林肯选择成为他发泄的对象，并帮助他将怒气就此消下去。

日常生活中，每个人本来就不是孤立存在的，无论是身边的环境，还是身边的人，都会对自己的情绪有所影响。而这种客观事物作用于人的感官而引起的心理体验就是情绪。很显然，情绪有好坏之分。良好的情绪，会感染身边的每一个人，带给大家一种轻松愉悦的气氛。而厌烦、压抑、忧伤、愤怒的消极情绪，也同样会影响身边的人，很容易造成一种紧张、烦躁甚至充满敌意的气氛。这也正是为什么看到自己的亲朋好友心情不好，自己也心情不好的原因。因此，生活中我们一定要学会控制自己的坏情绪，避免让它成为平静湖面上的小石头，让涟漪一波一波地扩散开来。

从前有一个小男孩，他的性情非常古怪，动辄就会大发脾气。他经常跟自己的小伙伴吵架，这件事情让他自己也很懊恼，但他却执拗地认为自己是对的。

有一天，他的父亲给了他一袋钉子，并且对他说："孩子，从现在起，你每次发脾气或者跟人吵架的时候，就在院子的篱笆上钉一颗钉子。"

一周过后，院子里的篱笆上已经被小男孩钉上了36颗钉子。看着这些钉子，小男孩似乎开始悔悟，接下来的几天，他学会了控制自己的脾气，尽量避免和别人吵架。这样一来，他每天钉的钉子就越来越少了，而且他还发现，控制自己的脾气，比钉钉子容易得多。终于有一天，他一颗钉子都没有钉，他很高兴地跑去把这件事告诉了父亲。

父亲说："从今以后，如果你一天都没有发脾气，就可以拔掉一颗钉子。"男孩照父亲的话去做了。终于有一天，钉子全部被拔光了，他忙去告诉父亲。

父亲跟他一起来到篱笆边，看着千疮百孔的篱笆，若有所思地对他说："儿子，干得不错！但是，篱笆上的这些钉子洞永远也不可能消失了。这就好比你和一个人吵架，说了些难听的话，然后在他心里留下了一个伤口一样。"

小男孩恍然大悟，从此以后，他一改自己的坏脾气，跟身边每一个人都尽量友好地去交往，他的朋友日益多起来。

把一枚钉子钉在篱笆上，即使被拔了下来，篱笆上的钉子孔恐怕也难以消失了。在生活中，在坏情绪驱使下的恶言恶语，正犹如一把利剑插入了别人的身上，即便剑拔了下来，伤口犹存。因此，任何时候都要学会控制自己的情绪，千万不要让自己成为坏情绪的传递者。

霍桑效应：适度发泄，然后轻装上阵

美国芝加哥郊外有一个制造电话交换机的霍桑工厂。在同行业内，这个工厂的娱乐设施、医疗制度和养老金制度都算是一流的，但令人匪夷所思的是，这里的员工却经常喋喋不休地抱怨自己的待遇不好，以至于影响了工作效率。

为了探寻原因，美国国家研究委员会于1924年11月组织了一个调查小组，对霍桑工厂进行了一系列的研究试验，此次研究试验中，调查小组设定了一个被称作"谈话试验"的重要环节。在历时两年多的时间里，专家们分别找工人们进行了推心置腹的谈话，耐心地倾听他们对待遇、环境等方面的意见和不满，并将其言论记录在案。

正当专家们准备将这项调查结果呈报给工厂高层领导的时候，他们惊讶地发现，经过"谈话试验"后，霍桑工厂的工人们不再抱怨，干活时更加卖力，工厂的效率在短时间内得到了大幅度提高。

原来，工人们对工厂的各种规章制度、福利待遇、工作环境等方面有不满，这些不满情绪又没有得到及时地宣泄，经过长年累月的积累后就演变成了抱怨、抵触等负面情绪。而这种不满的情绪一旦被他们带到工作中，就自然而然地影响到了工作效率。"谈话试验"恰恰使他们找到了宣泄的出口，释放了积蓄多年的不满情绪，从而感到心情舒畅，干劲倍增。于是，社会心理学家将这种奇妙的现象称为"霍桑效应"。

美国《读者文摘》中记载了这样一个故事：一天深夜，一位医生突然接到一个陌生妇女打来的电话，对方的第一句话就是"我恨透他了！""他是谁？"医生问。"他是我的丈夫！"医生为此感到莫名其妙，于是非常礼貌地对妇女说："对不起，我想您打错电话了。"

但是那位妇女就好像没有听到医生的话似的，继续说个不停："我一天到晚照顾四个小孩，而他却天天骂我无所事事。有时候，我想出去散散心，他却不让。再看看他自己，总是很晚才回家，问起来就很不耐烦地说自己有应酬，天才会相信他的鬼话……"

开始的几分钟里，医生一再打断她的话，并告诉她打错了电话，但她却是置之不理。几分钟过后，医生不再说话，而是听她把话说完。

妇女坚持把自己的话说完了，她长吁了一口气，对这位素不相识的医生说："我知道您不认识我，可是这些话我已经压得太久了，现在我终于说出来了，我感到舒服多了，谢谢您。对不起，打搅您了！"

医生还没来得及开口，电话那头已经响起"嘟嘟"声。

生活中种种的不幸和不满，总是会让我们产生数不清的意愿和情绪。但这些意愿中，最终能够实现的却寥寥无几。于是，各种情绪纷杂而来。而对那些未能实现的意愿和未能满足的情绪，千万不能硬生生地将它们压制下去，而是要努力找到合适的发泄方法，将它们宣泄出来。这样不但有利于我们的身心健康，还会帮助我们提高工作效率。这也正是霍桑效应带给我们的启示。

宣泄是为了改善情绪，但一定要注意宣泄的方式，不要随便就把别人当成自己的"出气筒"。选择一个私密的空间，将自己的坏情绪统统宣泄掉，然后全新地走入生活才是让我们心情愉悦、工作高效的好选择。

周末的上午，白小松把家里翻了个底朝天，也没有找到那张银行卡，他筋疲力尽地瘫坐在床边。

开始的时候，他因为找不到银行卡而焦急、恼怒。慢慢地，他已经不再是为了找卡而找卡，而是转变成了跟卡、跟自己较劲。

其实，那张卡里并没有钱，只是他打开自己的钱包时发现卡"不翼而飞"了，于是他开始折腾起来，甚至顾不上想想自己上次用那张卡到底是什么时候。

其实，白小松动怒是有别的理由，银行卡只是一根导火线。连续两个月超负荷的工作，已经让他感到疲惫不堪，加之领导动不动就拿他开刀，这样一来，无名的怒火就一直在他心中积蓄。他看到自己的女朋友时总是一张苦瓜脸，以至于女朋友又时不时地抱怨。于是，当他发现卡不见的时候，感觉卡也在跟自己过不去。

最终，功夫不负苦心人，白小松终于在床头柜与床之间的夹缝里找到了那张令他火冒三丈的卡。白小松用女朋友的修眉夹夹出了那张卡，将它瓣了一个稀巴烂，然后狠狠地将它扔进了垃圾桶。

折腾了一上午，白小松突然感觉自己有一种长时间以来不曾感觉过的轻松。他坐在地上，长长地吁了一口气，感觉肚子饿得难受。于是，他披上衣服，下了楼来到饭馆，点了两个菜一个汤，还有一瓶雪花啤酒。几杯下肚，白小松感到前所未有的舒爽！

一张卡成为无辜的牺牲品，但它也成了拯救白小松情绪的"功臣"，让他愤懑、忧郁、不满的情绪得到释放。适当的宣泄就如同心理排毒，能让我们感到前所未有的快感。

诚然，一个人如果能够收放自如地控制自己的情绪，他会被人们认为是有涵养的绅士。但是，"绅士"也需要发泄。一味地压抑自己的情绪，致使不良情绪得不到宣泄，就会使人们在心理上形成强大的压力，而这种压力一旦超越了自己承受的范围，就会引发精神忧郁、孤独、苦闷等心理疾病，甚者精神失常。因此，适当的宣泄是缓解一个人心理压力的有效方式，尽管有时这方法看起来就像白小松把卡掰碎那么幼稚。

第五章

洞察人性的心理

　　每个人天生就有某种心理需求。很多时候，有些心理需求是普遍的，几乎每个人都有。从某种意义上讲，在人际交往的过程中，如果我们忽视了人们的这些心理需求，将不利于我们处理好人际关系。因此，我们有必要学习一些洞悉人性的心理策略，在人际交往中很好地洞察人们的心理需求。

自尊原理：一定要维护好对方的自尊心

我们都知道，人与动物最重要的区别就在于人有自尊心。每个人都有自己的自尊，不管是成人还是孩子，不管是有文化的人还是文盲，不管是古代人还是现代人，不管是当官的还是普通老百姓……都有自尊心。

在现实生活中，人最怕自己的自尊心受到伤害，自尊心被伤害比皮肉伤害更厉害、更持久。"自尊心受到伤害"所产生的反作用力，常常也是巨大的，甚至是灾难性的、毁灭性的。

有这样一个案例，在河北省的一个农村，一户人家被灭门，一家六口人被人用斧头砍死，现场惨不忍睹。

公安人员在三天之后抓获了犯罪嫌疑人。犯罪嫌疑人就是被灭门的人家的邻居。当被问起犯罪的动机时，犯罪嫌疑人是这样回答的："我没有儿子，这是我一直耿耿于怀的事情。前几天我们两家吵架，老李（被灭门的人家的男主人）骂我会'绝后'，这严重伤害了我的自尊心。后来我越想越不对劲，一气之下做出了这种事。"

这是多么令人痛心的事情！行凶者固然可恨，然而这样的事情一旦发生，双方当事人能面对的结果只有一个——两败俱伤。也许很多人都会问：这值得吗？但现实是残酷的，我们虽然都知道"不值得"，但很多人仍在犯这样的错误。

孟子有云："爱人者，人恒爱之；敬人者，人恒敬之。"这实际上就是在强调尊重他人自尊的重要性。这也就告诉我们，一个人在与别人交往的过程中，如果能很好地理解别人、尊重别人，那么他一定会得到别人的理解和尊重。

我们周围确实有很多人正在遭受各种各样的人生磨难和不如意，我们周围也确实存在很多平庸的人，他们有这样或那样的缺点，但是我们并不能因此瞧不起他们，因为在这个世界上，我们不应该轻视、忽略任何人的感受。很多时候，就算我们心中不喜欢对方，也没有必要让对方看出来。这么做并不是虚伪，反而是一种聪明的态度。

再进一步说，人有地位高低之分，但无人格贵贱之别，只有灵魂高度上的差别，没有道德品质高下之别。没有人能尽善尽美，完美无缺，我们没有理由以高山仰止的目光去审视别人，也没有资格用不屑一顾的神情去嘲笑他人。即使别人在某些方面不如我们，我们也不应该用傲慢和不敬去伤害别人的自尊。假如我们在某些方面不如别人，我们也不必以自卑或忌妒去代替应有的自尊。

事实上，一个真正懂得尊重别人的人，才能从别人那里赢得尊重。曾经听说过这样一个故事：

一个寒冷的冬夜，一位商人看到一个衣衫褴褛的铅笔推销员，顿生一股怜悯之情。于是，他不假思索地将10元钱塞到卖铅笔的人的手中，然后头也不回地走开了。

然而刚走了没几步，商人忽然觉得这样做很不妥，于是连忙返回来，并抱歉地解释说："唉，真抱歉，太着急了，我忘记拿铅笔了，别介意。"临走前，商人还郑重其事地加了一句："你和我一样，都是商人，继续努力。"

一年之后，在一个商贾云集、热烈隆重的酒会上，一位西装革履、风度翩翩的年轻男子对商人不无感激地自我介绍道："您可能早已忘记我了，但我永远不会忘记您。您是给了我自尊和自信的人。在那以前，我一直觉得自己是个推销铅笔的乞丐，直到您亲口对我说，我和您一样都是商人为止。作为晚辈，我非常尊重你，您是一个伟大的前辈。"在场的人听到年轻男子的话后，都纷纷地鼓起了掌。

商人用自己对别人的尊重换来了别人对自己的尊重，我们应该从这个例子中得到启示。其实人与人的交往，就是一个"互相回报"的过程，我们想要获得什么，就必须付出什么。每个人都有自尊心，不希望别人伤害我们的自尊，也同样要善于尊重别人的自尊心。

因此，在人际交往中，我们一定要坚持这样一个底线：一定要维护好别人的自尊，不要伤害别人的自尊。否则的话，我们也将失去自己的尊严。

猎奇心理：满足对方"好奇"的心理

在现实生活中，我们不难发现，大多数人对那些新鲜古怪的东西或者对那些自己尚不知晓但是被人们传得玄乎其玄的传闻有着强烈的好奇心。其实，这就是心理学上所讲的"猎奇心理"。猎奇心理，泛指人们对于自己尚不知晓、不熟悉或比较奇异的事物或观念等所表现出的一种好奇感和急于探求其奥秘或答案的心理活动。

"猎奇心理"本身就是一种很奇怪很特别的心理需求，它能在无形之中调动人们的积极性，引导人们做出一些探索性的行为。从某种意义上讲，人类的整个进化史，都少不了"猎奇心理"的推动。正是因为有了强烈的猎奇心理，人类才能在与大自然的斗争中，不断探索，推陈出新，不断进步，取得如今辉煌灿烂的人类文明。

在人际交往的过程中，不管做什么事情，也不管与什么人打交道，我们都不能忽视人们的这种"猎奇心理"，而是应该学会洞察对方的猎奇心理，甚至应该适当地满足对方的猎奇心理，这可以提高我们的交际效率。

我们不妨来看这样一个有趣的小故事：

意大利商人普洛奇从13岁起就利用课余时间为附近的一家商店销售商品。有一次，大约是在普洛奇上高中的时候，那个商店的老板交给了他一项卖香蕉的任务，但是，那是一船冰冻受损的香蕉。老板抱着"破罐子破摔"的心态，对普洛奇说："这是一船冰冻受损的香蕉，虽然吃起来口感很好，但是外皮黑乎乎的，如按正常销售，一定没有人愿意购买。现在，市面上的香蕉，4磅重可卖25美分。这一船香蕉，我建议你可以按4磅18美分的价格销售。如果没人购买，再降低价钱也可以。小伙子，你看有问题吗？"

"没问题，我想我一定能顺利地完成这个任务。"普洛奇爽快地答应了老板。然而，到底怎么才能把这一船"受损的香蕉"顺利地卖出去呢？普洛奇即使在爽快地接受老板的任务的那一刻，心里也没底！他整整想了一个晚上。

第二天早晨，普洛奇睡醒的时候，已经拿定了主意，他决定铤而走险，出奇制胜。

当天上午，普洛奇把一把一把黑了皮的香蕉放在商店门口，然后大声叫卖："出售巴西香蕉喽！出售巴西香蕉喽！大家快来看喽，新鲜的巴西进口香蕉，新鲜的巴西黑皮香蕉！口味好，价格合理！大家快来看喽，限量销售。"

其实，哪里有什么巴西香蕉？所谓的"巴西香蕉"只不过是普洛奇制造的噱头罢了。但是事实证明，普洛奇这一招还真是挺有效果。

市场上的人们听见普洛奇这里出售黑皮的"巴西香蕉"，便都纷纷往这边赶。人们看见这奇怪的黑皮香蕉，一下子来了兴趣，纷纷议论。一会儿，普洛奇的周围就围满了人。

看见人越来越多，普洛奇就大声向大家介绍说："这些古怪的香蕉来自巴西，口感非常好，是第一次外销意大利。为了优惠大家，打开意大利市场，这些香蕉只以惊人的低价——每磅10美分出售。"

虽然普洛奇给出的价格比老板给他的价格高出了一倍多，甚至比市场上的好香蕉还要贵很多，但是这并没有影响普洛奇的销售业绩，一大船的受损香蕉用了不到半天就销售一空。

普洛奇之所以能把一大船受损的香蕉轻松地以高价卖出，正是因为他很好地利用了人们的"猎奇心理"。从公平交易的买卖原则来讲，普洛奇的行为显然不值得提倡，但是从人际关系的"心理操纵"上来讲，普洛奇的行为却非常值得我们借鉴。

我们上面已经说过，"猎奇心理"是一种普遍的心理需求，每个人都有，既然如此，我们在人际交往的过程中，就不能忽视交际对象的这种特殊的潜在的心理需求，就要学会洞察对方的"猎奇心理"，甚至应该适当地满足对方的"猎奇心理"，这样就有助于消除交际双方的心理障碍，有助于拉近彼此的心理距离，甚至可以轻松地让双方对彼此产生心理上的认同感，从而达到和谐交际。

焦点效应：每个人都希望成为焦点

焦点效应，也叫做社会焦点效应，是人们高估周围人对自己外表和行为关注度的一种表现。"焦点效应"意味着人类往往会把自己看做一切的中心，至少是不希望自己被别人看低，往往会直觉地高估别人对自己的注意程度。从另外一个角度来讲，"焦点效应"反映的实际上是人们内心的一种心理需求，一种希望得到别人关注的心理需求。"焦点效应"是一种非常普

第五章 洞察人性的心理

遍的心理,几乎所有人天生就有这样的心理需求。

在现实生活中,"焦点效应"其实也是每个人都有过的体验。比如,同学聚会一起看集体合影的时候,每个人都能第一时间内在照片上找到自己,并且会非常注意自己在照片里的形象;在与亲朋好友聊天的时候,几乎所有人都会有意无意地、自然而然地把话题转移到自己身上来;在各种社交场合,几乎所有人都会想方设法博取别人的关注,甚至想成为全场的焦点……总而言之,不管在什么情况下,不管在什么样的场合中,每个人都希望自己能得到关注,每个人都觉得自己就是焦点。

"焦点效应"能给我们什么样的启示呢?我们认为,既然每一个人都有一种"想让自己成为焦点"的心理,那么,我们在人际交往的过程中就不能忽视人们的这种心理。

为了和谐的人际关系,提升我们的交际能力,提高我们的交际效率,我们应该学会洞察不同场合里人们的"焦点心理",甚至应该尝试着去满足对方的"焦点心理"。相反,如果我们在人际交往中过于考虑自己的内心感受,而从来不考虑对方的"渴望被重视"的"焦点心理",就可能在人际交往中遇到麻烦。我们一起来看这样一个小故事:

一个年轻的业务新手小王和自己的业务主管刘楠一起走进了新客户赵总的办公室,赵总很客气地接待了两位客人。

小王和刘楠坐下还不到半分钟,也许是急于想在业务主管刘楠面前表现自己的能力,小王就迫不及待地开口谈起了此行的目的——是想向赵总推荐自己公司的新产品。

别看小王还只是个业务新手,口才却很不错,他一口气足足讲了半个小时,把自己公司新产品的优点介绍了好几遍。然而,他没有注意到赵总好几次欲言又止的表情。

小王说完后,满脸自信地看着赵总和自己的业务主管刘楠,以为这笔

995

生意肯定是谈成了。

然而令小王失望的是，赵总只回复了他一句冷冷的客套话："小伙子的口才的确不错，前途无量啊！至于单子的事情，我看我们今天还是先谈到这里吧。我等一会儿还要开会，等我们这边有了确定的合作意向，我们会和您联系的。两位怎么看呢？"

马上到手的生意就这样泡汤了？这是怎么回事？小王百思不得其解，还想继续谈判，然而他的主管刘楠拉了拉他的衣角，示意他不要说话。然后，刘楠对赵总说："好的，赵总既然还有别的事情，那我们就先告辞了。改天我们再来拜会。"

从赵总的办公室出来以后，小王一脸沮丧。主管刘楠看看小王的表情，微笑着对他说："你知道你今天失败在什么地方吗？你太强势了，一口气说了那么多，根本不给对方喘息的机会。赵总好几次都要说话了，你都没给机会。像赵总这样的大公司老板，什么事情没见过，他怎么可能被你这个黄毛小子的三言两语就搞定呢？再说了，这样的大老板，都很高傲的，不管走到哪里，他们都以为自己就是主角，就是权威，就是焦点。但是，他今天在你面前窝囊地当了一次配角，他心里肯定不舒服，他怎么可能和你签单子呢？他要是能答应和我们签订单，这事情就怪了！不过别担心，我们还有机会，只是下次来的时候，要学聪明点了。你明白吗？"小王这才恍然大悟。

是的，正如故事中的刘楠所讲的一样，小王之所以会在这场本来稳操胜券的谈判中功败垂成，就是因为他太强势了，没有学会洞察对方的心理需求。小王的这次失败的经历值得我们每一个人深思。

其实，不仅是那些像例子中的赵总这样的有身份的人渴望被人重视，在任何场合都想成为"焦点"，即使是一个普通人，也都有心理上被人重视的渴望，也都希望自己在任何场合都能成为"焦点"，至少是不能被人看低。因此，我们在与人交往的过程中，一定要学会洞察人们的"焦点心理"，给对方以足够的重视，甚至在某些时候还要试着让对方多做做"焦点"，这样才会拉近交际双方的心理距离，提高我们的交际效率。

虚荣心理：学会满足对方的虚荣心理

虚荣心是指人们对虚荣的一种渴求心理，是人类天性的一部分，是人类一种普遍的心理状态。无论古今中外，男女老少，穷者有之，富贵者亦有之。从本质上讲，虚荣心是一种扭曲了的自尊心，是自尊心的过分表现，是一种追求虚荣的性格缺陷，是人们为了取得荣誉和引起普遍的注意而表现出来的一种不正常的社会情感。

根据弗洛伊德的理论，人的虚荣心理应该是从出生就产生了，即每个人天生就有一种虚荣心理。既然所有人都有虚荣心理，那么我们在人际交往的过程中就不应该忽视交际对象的"虚荣心理"。也就是说，在与人交往的过程中，我们要学会洞察对方的虚荣心理，也要学会不失时机地满足对方的虚荣心理，这样将会使我们的人际交往变得更顺利。

事实也证明，在人际交往的过程中，如果我们能在适当的时机适当地满足对方的虚荣心理，我们将会在人际交往的过程中顺风顺水，省去很多不必要的麻烦。

杨彦是一个油漆厂的业务人员。这一天，他自信满满地来到了一家家具公司，想向这家公司推荐一种新型的油漆。

然而，当杨彦走进这个家具公司老板的办公室的时候，他并没有得到热情的款待。当杨彦说明来意之后，家具公司的老板李总冷冷地回了他这样一句话："如果你们的油漆产品足够好，价格足够合理，我们还有的可谈，如果价格高过市场最低价很多的话，我们就没有什么可谈的了。所以，请你回去好好想一下我的话。另外，我们已经有满意的合作伙伴了。"

杨彦一听这话，心里"咯噔"一下，心想这样可不行，今天必须搞定这个客户。杨彦眼睛一眨，计上心来，连忙对李总说："不！不！不！我此行除了推销我的油漆，还有另外的目的。我听说，贵公司的家具质量相当好，特地来拜访一下。另外，我久仰您的大名，您是本市最杰出的企业家之一，您经过短短几年的时间，就取得了这么辉煌的成就，真是让人羡慕！对于我这样一个年轻人来讲，您的经历和您的成就对我肯定会有不一般的影响。所以，李总，您能不能利用几分钟时间，给我讲一讲您的创业经历呢？"

李总的情绪本来并不是很好，但是一听这个年轻人这样说，顿时兴奋起来："哪里哪里！年轻人啊，你有这样的心态，不容易。现在的年轻人都特别浮躁，很少有像你这样虚心的年轻人了。说起我的创业史啊……"紧接着，李总就把自己这几年经历过的艰辛简单地介绍了一下。

杨彦则让自己尽可能认真地听完了李总的讲述，并不时地对李总的讲述回以掌声和点头默许。

李总讲完之后，用手拍拍自己的办公桌，一脸骄傲地说："看见了吗？这都是我自己上的漆。"

杨彦当然没有忘记自己此行的真正目的，于是快步走上前去，也用手敲了敲那个办公桌，并且还滴了一滴水在上面，用手仔细地摸了摸，然后才用纸巾把水擦干净。之后，杨彦对李总说："的确，李总的手艺真是不一般。这桌子的款式真不错，非常大气，非常符合李总您的身份。李总的手艺也确实不错，您看这漆上的——一眼就能看出是有手艺在里面的。但是……但是我有一点小小的建议，不知道李总……"

"没关系，你有什么建议就大胆提，我这个人是最最虚心的。"李总拍拍胸膛大声说道。

"李总您真是爽快的人，我只是觉得这漆的质量不是很好，主要是防水性不是很好,您看一下……"杨彦不失时机地把话题转移到了正题上。

"是吗?我看一下。"李总连忙低下头去仔细观察,并不住地点头,一会儿就有了回应:"小伙子,不简单,你说得对。"

紧接着,杨彦就以此为突破口向李总介绍了自己今天带来的一款新型漆的最大特点就是在继承了传统漆所有优点的基础上,大大地增强了防水性。

李总当时就对这种新型的防水漆产生了浓厚的兴趣。

半小时之后,心情大好的李总当场就和杨彦签订了一个大单子。

杨彦是如何说服李总和自己成功签订订单的呢?很明显,这次成功的推销完全得益于杨彦对李总的那一番夸奖和赞赏。也许,杨彦对李总的那一番恭维只是表面上的客套话,但是这一番话却正好说到了李总的心坎上,满足了李总这个家具公司大老板的虚荣心理,以致李总的态度从"冷淡"到"热情"来了一个180度的大转弯,并最终促成了签约。

总而言之,人人都是有虚荣心的,虚荣便会导致奉承。没有人是不喜欢被人奉承的,世界上最美妙动听的语言就是奉承话了。因此,在人际交往的过程中,我们要试着在适当的场合、适当地说一些奉承话,这样就能满足对方心理的"虚荣需求",让我们的人际关系更和谐,以不变应万变、得心应手地去处理各种不同的人际关系。

应该心理：用别人对待我们的方式对待别人

在现实生活中，我们常听见一些人这样抱怨：

"这人真是抠门，我那样对他，他却这样对我！"

"你怎么这样啊？我对你多好啊？你怎么能这样对我呢？"

"她没有理由这样对我啊，因为我对她很好。"

"他向我借东西的时候，我从来没说过什么，总是很爽快就把东西借给他了，我现在向他借点东西，他怎么老是找借口不借给我啊？"

……

说实话，在我们的身边每天都能听见很多这样的声音。那么，人们为什么会有这样的抱怨呢？其实，这是因为人们都有这样一种心理：理所当然地应该从对方那里得到"等价对待"。也就是说，我们怎样对待别人，别人也应该怎样对待我们，如果对方不能至少以我们对待他们的方式对待我们的话，那么我们就会认为这是不应该的事情。这种奇怪的心理每个人都有，在心理学上，我们把这种心理效应称为"应该效应"。

"应该效应"给我们的启示是，我们在人际交往的过程中，一定要透彻地看清楚人们的这种心理，并且以我们的方式去满足对方的这种心理，或者至少要用别人对待我们的方式去对待别人，不让对方从心理上产生"不平衡感"。否则，我们的人际关系是会受损的。

李刚和赵岩原本是非常要好的朋友，他们从小在一个大院里长大，简直情同手足。然而最近一段时间，两个人因为一些小误会，关系发生了变化。

上个月，李刚想买车，但是自己手上的钱不够，因此想向赵岩借一笔钱。让赵岩为难的是，自己确实有一笔存款，但是这笔存款是准备买房用的，目前正在到处看房子，一旦看好房子马上就要用钱。赵岩还认为，李刚虽然是自己从小一起长大的好朋友，但是朋友之间"救急不救穷"，这笔钱不能借，于是婉转地拒绝了李刚的请求。

　　李刚一听赵岩拒绝了自己，非常生气，心想：赵岩怎么这样？做了这么多年的朋友，没发现赵岩还是这么抠门的一个人。再说了，我是怎么对他的！他办婚礼的时候，钱不够用，不是从我这里借的吗？当时我可是二话没说就把积蓄全都拿出来了啊，做人可不能忘恩负义！李刚心里很生气，但是脸上并没有表现出来。

　　赵岩也明显感觉到了李刚的不满，但是他也很无奈。

　　从这件事情以后，李刚和赵岩之间的关系就发生了一些微妙的变化，两个人原来还隔三差五地聚一聚，但是，因为这件事，他们两个人一直到现在为止还没有见过一次面。

　　相信现实生活中，有很多人都有过类似的经历。其实，之所以会出现这样的情况，就是因为我们没有洞察到人们心理普遍存在的"应该心理"，或者是小看了"应该心理"对人们的交际行为的影响。其实，正如我们在前面所讲的，所有人天生就有一种"应该心理"，都希望对方至少能以自己对待对方的方式对待自己，一旦这个心理"天平"发生倾斜，就有人会心里不舒服，随之而来的就是人际关系的受损，甚至是大矛盾或者彼此言语相伤。

　　因此，我们在人际交往的过程中，一定不能忽视人们普遍存在的"应该心理"，要不失时机地洞察对方的这种"应该心理"，并要采取相应的措施及时满足对方的要求，即使一下子不能满足，也要尽可能采取补救措施，不要让对方的心理天平发生倾斜。如果我们都能做到这一点，就能避免很多不必要的人际麻烦，轻松应对很多无中生有的人际误会，得心应手地处理很多人际矛盾。

排斥心理：巧妙化解对方的排斥心理

　　排斥心理，顾名思义，就是指人们对自身之外的人或物持有的一种不接受的甚至是排斥的心理状态。它是人们天生就具有的一种心理状态，尤其是在面对陌生人、竞争对象、仇人、自己不喜欢的人……人们的排斥心理表现得会更加强烈。

　　通常来讲，很多人可能不会意识到排斥心理的存在，其实即使是那些最善于交际的人，在人们眼中人缘非常好的人，他们内心也有排斥心理，只是对不同的人排斥的程度不同而已。我们不妨问问自己，不管对于什么样的人，我们都能绝对、完全接受对方的一切吗？相信很多人在面对这样的问题时，都会摇摇头。是的，我们的内心总有那么一点排斥别人的心理，只是对于亲朋好友，我们排斥的程度很小，甚至很多时候让我们忽略掉了，而对于陌生人、竞争对象、仇人、自己不喜欢的人……我们心里的排斥程度很强，很多时候甚至会由此引发矛盾。

　　在人际交往的过程中，我们不仅不能忽略自己的排斥心理，更要学会洞察别人的排斥心理。我们只有学会洞察别人的排斥心理，才能在适当的场合、适当的时机，用适当的交际手腕，巧妙地化解对方的排斥心理，拉近彼此的心理距离，得心应手地处理人际关系。否则，我们同样会遭遇人际麻烦。

　　小李大学毕业不久，就很顺利地在北京一家著名的广告公司找到了一份不错的文案策划工作。和那些整天奔波于招聘会但是工作仍然没有着落的同学比起来，小李无疑是幸运的。然而，上班以后，小李才发现，找不到工作固然苦恼，但是找到了工作，依然有工作上的烦恼。

因为小李是新人，在公司里不仅得不到上司的重用，就是在同事眼里，小李也纯粹成了一个打杂的。这让小李的心里很不平衡，自己怎么说也是名牌大学毕业的本科生，怎么现在成了一个打杂的了呢？

更让小李难以接受的是，在公司里，他处处觉得自己是一个外人，根本不能融入到公司这个大团队之中。平时工作的时候，同事们好像处处提防着小李，这也不让他干，那也不让他干，唯独等到中午带饭、打印图纸或者找不到咖啡的时候，大家才会想起小李：

"小李，你中午出去吃饭的时候帮我带个盒饭好吗？"

"小李，帮我打印一下这张图纸，要快，我等着用呢，很着急。"

"小李，饮水机下面的咖啡怎么找不到了？你帮我找一找好吗？"

……

类似这样的事情还有很多，都是无关工作的一些琐碎的小事。小李虽然表面上应承着，但是心里很不舒服，总觉得不是那么回事，自己这是怎么了？人家都说："职场就是个小社会。"看来这职场还真不是个容易应付的地方，小李一度有了辞职的打算。

试想一下，新人小李为什么会遭遇职场麻烦？不难看出，小李输在了人际关系上面。

我们已经说过，所有的人都有排斥心理。在上面这个例子中，对于公司里的人来讲，小李是公司的新员工，既是合作对象，同时也是竞争对手，也是还不熟悉的陌生人。从心理的角度来讲，同事们肯定在心里对小李这个新人有一种不可避免的排斥心理。在这种情况下，如果小李能够清楚地洞察同事们对自己的不可避免的排斥心理，然后采取相应的措施，拉近自己和同事的心理距离，巧妙化解同事对自己的排斥心理的话，小李肯定能很快地融入团队之中。然而遗憾的是，小李没有意识到这一点，从来没有在自己身上找原因，而只是一味地抱怨。

在我们的生活中，有很多类似的事情。如果想要避免类似小李的烦恼和遭遇，我们就必须从小李身上吸取教训，学会清楚地洞察交际对象对我们的排斥心理，采取相应的措施去化解对方的排斥心理，这样我们才能赢得和谐的人际关系。

防卫心理：人人都需要有安全感

我们都知道，每一个婴儿都是带着啼哭来到这个世界上的。那么，为什么会这样呢？从心理学的角度来看，是因为婴儿原有的生理和心理的安全环境在出生的过程中被破坏了，他一下子还不能适应自己出生以后的新环境。在新的环境中，他的安全感没有了，因此出于自我保护的需要，他会啼哭。可见，人天生就具有心理防卫的需求和能力，这就是我们现在所要讲的"防卫心理"。防卫心理是指人们天生具有的一种自我保护的心理。

换一个角度看，人之所以会有防卫心理，是出于心理安全的需要。也就是说，人人都需要安全感。具体到人际交往的领域，人们的"心理防卫效应"给我们的启示是：我们在与人交际的过程中，一定要照顾一下对方的"防卫心理"。否则，如果对方在与我们交往的过程中，不能从我们身上找到安全感的话，对方就不会从心里建立起和我们继续好好交往的基础，就会影响我们的人际关系，进而影响我们的工作和生活，甚至影响我们人生的成功。

我们来看这样一个小故事：

杨光从北京一所著名的大学毕业以后，在北京一家很有实力的软件公司找到了一份不错的工作。但是参加工作不久，杨光就发现了一个小问题：部门经理给自己安排的主管对自己非常冷淡。一经打听，杨光才知道，主管属于自学成才型的，对公司里的高学历人才都不"感冒"。对此，有同事还特意提醒杨光："哥们儿，你以后要小心点，不要让刘主管抓住你的'小辫子'。"

不过，杨光并没有在意，杨光想：只要自己把工作做好就行了。事实上，杨光并没有真正领会那个同事提醒他的那句话。在此后的日子里，杨光虽然是个新人，但是由于他在半年内参加了公司里的好几个大的项目，好几次受到了老总的当众表扬，薪资待遇也连跳三级。

此时，意气风发的杨光已经把刚来公司时那个同事提醒他的话忘了个一干二净，行事非常高调。杨光也越来越不把自己的主管放在眼里，认为他哪方面都不如自己。

但是，杨光自我感觉良好的日子没过几天，麻烦事就一件接一件地来了。先是公司老总在公司例会上含沙射影地批评了杨光："有些新员工，虽然业务能力不错，但是就因此心高气傲，一副谁也看不上的样子，这可不行。"公司里的人都知道这是在批评杨光。

紧接着，部门经理又找杨光谈话，旁敲侧击地告诉杨光："即使业务能力很强，也要团结同事，不能耍性子！"

更可怕的是，从那以后，再有什么重要的项目，主管就故意不让杨光参与，只是偶尔会让杨光打打杂，帮帮小忙，而且主管还时不时找机会冷言冷语地讽刺杨光。

这时，杨光才明白了刚进公司时那个同事提醒他的那句话。杨光立马找到那位同事，大倒苦水。那个同事安慰杨光说："哥们儿，你的情况算是好的了。没把你开除，是你运气好。这一切都是我们的主管和部门经理在搞鬼。你要知道，我们的主管和部门经理都没有什么学历，都是自学成才入的行。他们能做到这个位置，很不容易。因为没有学历，他们很没有安全感。所以我上次提醒你要悠着点。但是你不听，现在知道厉害了吧！"

杨光之所以不能得到主管和部门经理的器重，从实质上讲是因为他高调的行事风格潜在地触碰了主管和部门经理的敏感神经，增加了主管和部门经理对杨光的戒备心理，强化了主管和部门经理对杨光的防卫心理。而防卫是带有攻击性的，反映在行为上就是打压、报复等。

其实，像杨光这么优秀的人，如果能再多懂一点人际交往的学问，能早一点洞察到主管和部门经理对他的防卫心理，在刚刚参加工作的时候就采取措施，尽可能地化解主管和部门经理对他的戒备心理，相信杨光能很容易地取得主管和部门经理的信任，也不至于遭遇这些无谓的麻烦。

人的防卫心理是普遍存在的，不管在什么场合，与什么人交往，我们都要学会洞察对方的"防卫心理"，并采取措施化解对方的防卫心理，从心理上给对方一种安全感，让对方觉得和我们处事是安全的……这样我们才能真正获取对方的信任，与对方建立起互信互利的和谐的人际关系。

贾君鹏效应：满足对方潜在的情感需求

2009 年 7 月，"贾君鹏吃饭事件"一时间轰动整个网络。百度"魔兽贴吧"里一句"贾君鹏，你妈妈喊你回家吃饭"近乎调侃式的话，在短短的 5 个小时内便引来了超过 20 万名网友的点击浏览，近万名网友参与跟帖。许多网友甚至把自己的网名改为"贾君鹏的妈妈""贾君鹏的姥爷""贾君鹏的二姨妈""贾君鹏的姑姑"……形成异常庞大的"贾君鹏家庭"。

"贾君鹏事件"的无厘头式的、戈多式的情节，之所以能引起轩然大波，实际上是人们的某种情感需求所致。也许我们都记得，"某某某，你妈妈喊你回家吃饭"——这是大部分人童年时光最值得留恋的一句话。正是这种联系，让另一个"真实社会"里的人们，以戏谑的态度说出的"妈妈喊你回家吃饭"有了共同认知的基础。所以，在此认知的基础上，以及网民无聊、游戏、猎奇等一系列情感需求的综合作用下，将"贾君鹏"推至了互联网戈多式狂欢的巅峰。

从某种意义上说，"贾君鹏事件"之所以会如此轰动，正是因为其满足了人们潜在的情感需求，激发了人们的共同认知。说到底，正是人们对于"妈妈喊你回家吃饭"这句话的潜在的情感认知和情感需求导演了这一场网络闹剧。可见，人的潜在的情感需求和情感认知具有非凡的力量，它能从某种意义上主导一个人的思想和行为。

具体到人际交往的领域，"贾君鹏事件"给我们的启示是：不管我们在什么样的交际场合，与什么样的人交往，都要学会洞察人们心理潜在的情感需求，然后在对方心里激起与我们心理相似的情感认知，这样有助于拉近彼此的心理距离，增进情感交流，让彼此有共同的心理基础，从而建立良好和谐的人际关系。

多年前，郑杨是一个文学爱好者。在一次文学交流会上，郑杨很幸运地认识了一位自己仰慕已久的作家前辈。在会上，郑杨还和这位大作家简单交流了几句。但就是这简单的几句交流，却让郑杨受益匪浅。从那以后，郑杨对这位作家更加崇拜了，但却没有再次见到那位前辈的机会，这让郑杨感觉特别遗憾。

如何才能得到这位前辈长期的指点呢？郑杨来来去去地想了好久，之后决定给这位前辈作家写一封信，郑杨想以这封信为突破口，与作家建立起良好的友谊，以保持长期的联系。

但是写一封怎样的信呢？郑杨又犯难了。后来，郑杨偶然得知，这位作家的童年时代是在一个偏远的贫困小山村度过的。这和自己的经历很相像啊！得知这一情况之后，郑杨几乎跳了起来，因为郑杨小时候也有相当长时间的农村生活经历。郑杨想，人家都说有相似的生活经历的人最容易做朋友，我和前辈的这段相似的生活经历说不定能促成我们之间的友谊呢。

接下来，郑杨就认认真真地给前辈作家写了一封信。在信里，郑杨介绍说，自己有很长时间的农村生活经历，那一段生活经历是最让自己难忘的，所以自己想创作一部关于农村生活题材的长篇小说，希望得到前辈的指点。

结果，郑杨很快就收到了作家的回信。作家在信中高兴地说："很难想象现在还有像郑先生这样踏实的年轻人。长期以来，农村已经被很多人遗忘了。我也有农村生活经历，那段经历给我的印象也特别深刻，我也有这方面的创作兴趣。如果你有这方面的创作意向，我们可以好好谈一谈。"作家在信里还盛情邀请郑杨到家里做客。

从此以后，郑杨和作家有了频繁的联系。在作家的指导下，郑杨的小说在两年后正式出版，郑杨也因此成了文学圈内小有名气的新秀。

郑杨为什么能得到作家的青睐和指点？正是因为郑杨信中的那一段关于农村生活经历的叙述引发了作家自己对农村生活的回忆，激起了作家潜在的和郑杨相似的情感认知，满足了作家潜在的情感需求。

我们在日常交际的过程中也有必要好好体会一下"贾君鹏效应"给我们的启示，也要学会在与人交际的过程中洞察、满足对方的潜在的情感需求，并以此为突破口，与对方建立和谐的人际关系。

第六章

掌握对方的心理

　　学会领导人不仅是领导者的必备本领,而且也是普通人走向成功的必备技能,这是我们一定要掌握的。让人们乐于尽力,这始终是管人的目的,而要真正做到这一点却绝非易事。没有人甘居人下,愿受他人管。况且人又是多种多样,其心态更是千差万别,如果没有高明的手段和方法,那么就无法使人畏服了。

权威效应:"正人先正己"更有说服力

我们先来看这样一个故事:

举世闻名的航海家麦哲伦正是因为得到了西班牙国王卡洛尔罗斯的大力支持,才完成了环球一周的壮举,从而证明了地球是圆的,改变了人类长期以来的"天圆地方"的观念。然而,麦哲伦是怎样说服国王赞助并支持自己的航海事业的呢?原来,麦哲伦请了著名地理学家路易·帕雷伊洛和自己一块儿去劝说国王。

那个时候,因为哥伦布航海成功的影响,很多骗子都觉得有机可乘,于是就都想打着航海的招牌,来骗取皇室的信任,从而骗取金钱,因此国王对一般的所谓航海家都持怀疑态度。但和麦哲伦同行的帕雷伊洛却久负盛名,是人们公认的地理学界的权威,国王不但尊重他,而且非常信任他。

帕雷伊洛给国王历数了麦哲伦环球航海的必要性与各种好处,最终让国王心悦诚服地支持麦哲伦的航海计划。

事实上,在麦哲伦的环球航海结束之后,人们才发现,那时帕雷伊洛对世界地理的某些认识是不全面甚至是错的,得出的某些计算结果也与事实有很大的偏差,不过这一切已经无关紧要。

正是因为相信权威的地理学家,国王才相信了麦哲伦;也正是因为"权威"的作用,才促成了这一举世闻名的成就。帕雷伊洛就是当时的权威,国王正是因为"权威暗示效应"——认为专家的观点不会错——从而成就了麦哲伦环绕地球航行的伟大成功。在现实生活中,类似这样的例子有很多，例如，做广告时请权威人物赞誉某种产品，在辩论说理时引用权威人物的话作为论据，等等。

"权威效应"之所以普遍存在，主要有以下几个原因：第一，因为人人都具有"安全心理"。也就是说，人们总是觉得权威人物是正确的楷模，服从权威人物会让自己具有安全感，降低了出现错误的"保险系数"。第二，因为人们都具有"赞许心理"。也就是说，人们总是觉得权威人物的要求常常与社会规范相一致，按他们的要求去做，就会获得各个方面的赞许与奖励。第三，人们对杰出人物普遍具有一种敬佩和模仿心理。研究表明：人们常常认同某些自己羡慕的对象，特别是杰出人物，敬佩之余进而模仿效法。一般情况下，个体受权威言行刺激影响，仿照并努力使自己的言行与之相同或相似。所以，模仿权威是一种比较普遍的社会心理现象。

在人际交往的过程中，想要有效地"制人驭人"，我们就要好好利用一下"权威暗示效应"。既然人们都相信权威，都有一种服从权威的心理和意识，那么我们要想真正地使人信服，就要先让自己变成"权威"。只有当我们变成权威了，对方才会觉得我们更值得信服，周围的人才更容易为我们所操纵和掌控，我们才更容易获得别人的帮助，才更容易获得成功。

刘备三顾茅庐，把诸葛亮请出山，让他当自己的军师，统领全军。但是诸葛亮以前只是一介书生，没有任何行军打仗的经验，因此，关羽、张飞等人都不服他。在关羽、张飞看来，自己是带兵打仗的将军，怎么能够听从一个书生的指挥呢？更何况，自己和刘备是结拜兄弟，论关系，也要比诸葛亮亲近。所以，诸葛亮在指挥军队作战的时候处处掣肘。有一次曹兵来袭，诸葛亮立下军令状，如果不能战胜，甘愿受罚。后来，关羽、张飞等人按照诸葛亮的吩咐前去退敌，果然大获全胜。从那以后，关羽、张飞都把诸葛亮敬若神明，完全听从他的指挥。

从上面的事例可以看出，关羽和张飞起初是不服诸葛亮的，不过等诸葛亮拿出自己的真本事树立权威之后，他们两人就完全信服诸葛亮，甘愿听从他的指挥了。其实在生活中我们也常常遇到这种情况，作为一个没有做出成绩的新人，没人会服你，这时候你就要"露两手"，从而树立自己的权威，让他们甘愿听从你的安排。

那么，如何让自己在人际关系中树立一个权威的形象呢？

首先，不断修炼自己的品德修养，依靠高尚的品德树立威信和权威形象。在人际交往中，要想提高自己的威信，树立自己的权威形象，重视和加强品德修养是最有效的方法。我们都知道，品德是一个人的立身之本，一个人只要思想正、品质好、光明磊落、正派公道，那么人们肯定能信其言、感其行、明其威。也就是说，在社交场上，只要我们行得正、坐得端，人们就肯定会敬重我们、信赖我们，把我们当成知心人。否则，不管我们地位多高，官衔多大，人们也会疏远我们、戒备我们，对我们嗤之以鼻。

其次，不断充实自己的文化素养，依靠广博的知识树立威信和权威形象。在社交场上，想要在交际圈中树立威信和权威的形象，我们必须不断学习，更新知识，开阔视野，取长补短，不断地丰富和充实自己。一般来讲，知识的多少、业务能力的熟练程度直接决定着一个人威信的高低。不难想象，一个知识丰富的人，必定有真知灼见，思想敏锐，洞察力强，看问题客观全面，办事情周到细致，肯定很容易取得别人的信任，受到人们的尊敬。相反，一个人知识面窄，腹中空空，稀里糊涂，对事物一无所知，人云亦云，讲起话来东拉西扯，不得要领，他的威信肯定不会很高。

再次，不断提升自己为人处世的方法和能力，依靠平易近人和谦虚谨慎的做人态度树立威信和权威形象。平易近人指的是一种真诚待人的做人态度，任何人都应该学会。如果一个人在日常生活中，不管面对什么人，都能以真诚的态度，平易近人，真心实意地关心每一个人，那么他肯定能在交际圈中树立良好的个人形象，提高自己的威信。反之，若一个人说话装腔作势，故弄玄虚，本身没什么地位还老是摆臭架子，给人一副高高在上的样子，那他肯定不会赢得别人的尊敬，更谈不上树立威信了。

最后，不断增强自己的人格魅力，依靠宽猛相济的做事风格树立威信和权威形象。不难想象，如果一个人在为人处世的过程中既有严格、严厉批评乃至严肃处罚的"猛"，又有"礼让三分""宽宏大量""既往不咎"之"宽"，那么他就一定能靠宽慰至诚感化于人、取信于人、启迪于人，这样就不愁其威不立、人心不顺。因此为了在社交场上树立权威和威信，我们还有必要不断地增强自己的人格魅力、行为方式和处事方式，依靠宽猛相济的做事风格树立威信和权威形象。

惊吓效应：要的就是让对方闻风丧胆的效果

一般来讲，人在受到惊吓的时候，生理和心理会在短时间内发生剧烈的变化，血压会升高，心跳会加快，突然间变得不理智，甚至会做出一些让他自己都不敢相信的行为。有的心理学家把这种现象称为"惊吓效应"或者"恐吓效应"。

在人际交往的过程中，我们可以利用"惊吓效应"来操纵和控制交际对象的心理状态，从而让对方在"受惊"的非正常状态下做出有利于我们的行为。

我们来看这样一个小故事：

战国时期，有个名叫张丑的人，在燕国做了好多年的人质。后来，燕国国王觉得张丑这个人质已经没有什么意义了，就决定杀掉张丑。张丑听说燕王要杀死自己，非常害怕，就趁机逃出了燕国的国都。

燕王听说张丑逃跑了，非常生气，便马上派人去追赶张丑。

心理学与生活
让你受益一生的 88 个心理学定律

话说张丑一路上又饥又饿，费了九牛二虎之力，终于逃到了燕国边界。然而不幸的是，燕国边界的官员还是发现了张丑，并把张丑抓了起来，决定把张丑献给燕王。

张丑一见这架势，感觉情况不妙，略加思忖，计上心来，就对边界巡官偷偷地说："你知道为什么燕王要抓我吗？那是因为有人向燕王进言说我有很多珠宝。事实上，我的那些珠宝已经没有了，但是燕王就是不相信我的话。现在，如果你把我送给燕王的话，我就会说我已经把这些珠宝都送给你了。到时候，燕王肯定就会找你要这些珠宝，遭殃的就是你了。你自己就掂量着办吧！燕王的残忍你也是知道的，到时候不把你打个皮开肉绽是绝对不会放过你的。"

边界巡官一听张丑这么说，脸都吓白了，当时就把张丑给放了。张丑就这样逃过了燕兵的围追堵截。

在这个小故事里，张丑正是巧妙地利用了"惊吓效应"，借助极言危害来恐吓巡官，并起到了良好的效果，为自己赢得了机会。可见，"惊吓效应"运用得好的话，在驾驭、操纵和掌控对方心理的过程中具有不错的效果。事实上，像这样的故事在历史上还有很多：

春秋战国时期，有一次，楚国大夫申无害的守门奴仆因为偷喝酒被申无害发现了。这个守门奴仆害怕申无害惩罚自己，便畏罪潜逃了。

跑到哪里最安全呢？这个守门奴想了好久，终于有了一条妙计。为了逃避申无害的追捕，这个守门奴投靠楚灵王，并当上了王宫守卒。守门奴想：这样申无害就不能奈何自己了，他总不能到王宫里来抓人吧。因为楚国有这样的法律规定：任何人都不许到楚王的宫中抓人。

守门奴这一招棋走得确实妙，然而这并没有难倒申无害。申无害直接从宫中把守门奴给捉了回去。楚灵王知道后，非常气愤，命令申无害把那个奴仆放出来，并要治申无害擅闯王宫之罪。

申无害面对楚灵王的愤怒,毫不畏惧地说:"天上有十个太阳,人间分十个等级,上层统治下层,下层侍奉上层,上下层相互联系,国家才能够安定、太平。而如今,臣下的守门奴仆畏罪潜逃,并且凭借王宫来庇护犯罪之身。如果他真的能够得到王宫的庇护,其他的奴仆、百姓犯了罪,也会仿效他的做法,这样的话,盗贼可以公然行事,谁还能禁止得了啊?到那个时候,局面肯定会变得不可收拾,为了防止那种后果发生,所以臣下不敢遵奉王命。"

听完申无害的辩解,楚灵王一下子无话可说了,只好任由申无害对守门奴仆治罪,并且赦免了申无害擅自到王宫中抓人的罪过。

申无害是怎么说服楚灵王的?他也是巧妙利用了"惊吓效应"。楚灵王最怕的是什么?他最怕的是他的王国发生动乱,他的百姓不服管理。申无害正是以此为突破口,说出了如果不能依法严格查办守门奴,就有损法律的尊严,引起老百姓的效仿,就有可能导致国家局面混乱……这一切都直击楚灵王的内心,触动了楚灵王敏感的神经,从而使得楚灵王做出了有利于申无害的行为——任由申无害对守门奴仆治罪,并且赦免了申无害擅自到王宫中抓人的罪过。

以上两个故事留给我们的启示是深刻的,值得我们深思。在人际交往的过程中,我们也不妨好好地用一用"惊吓效应",在适当的时候利用一些危言耸听的话语来激起对方的恐惧感,从而轻松地掌控和操纵对方的心理,让对方在非正常的恐惧心态中做出有利于我们的行为。

反暗示效应：换种思维，管人更有效

"反暗示效应"是指在有一定心理对抗的情况下，用夸张或者激将的间接方法影响别人的行为，从而诱导别人做出有利于我们的行为，达到我们的目的。

在人际交往的过程中，如果我们能很好地利用"反暗示效应"，也可以轻松驾驭别人的心理、操控对方的行为，从而让别人做出我们所期望的行为，达到我们的目的。

我们来看这样一个小故事：

春秋战国时期，有一次，秦国的相国吕不韦回到家里，脸色非常难看，看上去十分恼怒，甘罗见状，就走上前问道："丞相有什么心事，可以告诉我吗？"

吕不韦心里正烦躁得很，见是甘罗，就挥挥手说："走开，走开，小孩子知道什么？"甘罗高声说道："丞相收养门客不就是为了能够替你排忧解难吗？现在你有了心事却不告诉我，我即便想要帮忙的话，也没有机会啊！"

吕不韦见他说话挺有自信的样子，就改变了一下态度，说："皇上派刚成君蔡泽到燕国为相，已经三年了，燕王对他很满意，燕王于是派太子丹到秦国做人质，以示友好。我派张唐到燕国为相，占卦的结果也很吉利，可是他却借故推辞不去。"

事情原来是这样的，张唐是秦国一位大臣，曾率军攻打赵国并占领了大片的土地，赵王对他恨之入骨，声称如果有人杀死张唐，就赏赐给他百里之地，这次出使燕国必须经过赵国，所以张唐推辞不去。

甘罗听了，微微笑道："原来是这样一件小事，丞相何不让我去劝劝他？"吕不韦责备他："小孩子不要口出狂言，我自己请他他还不去，何况你小小年纪。"

甘罗听了不服气地说："我听说项橐七岁的时候就被孔子尊为老师，我现在比他还大五岁，你为何不让我去试试，如果不成功的话，你再责备我也不迟啊！"

吕不韦见他语气坚定、神气凛然，心里不由暗自赞赏，于是就改变了态度，放缓了口气说："好，那你就去试试吧！事成之后，必有重赏。"

甘罗见他答应了，也就没多说什么，高高兴兴地走了。

甘罗到了张唐家里。张唐听说是吕不韦的门客来访，连忙出来相见，却发现甘罗不过是个十多岁的小孩子，不由得心生轻视，张口就问道："你来干什么？"

甘罗见他态度傲慢，就说道："我来给你吊丧来了。"

张唐听了大怒："小孩子怎么能这样说话，我家又没死人，你来吊什么丧？"

甘罗笑道："我可不敢胡说啊，你听我讲一下原因。你和武安君白起相比，谁的功劳更大啊！"

张唐连忙答道："武安君英勇善战，南面攻打强大的楚国，北面扬威于燕赵，占领的地方不计其数，功绩显赫。我怎么敢和他相比啊？"

"应侯范雎和文信侯相比，谁更专权独断啊？"甘罗接着问道。应侯是秦国以前的一位丞相，文信侯即吕不韦。

张唐答道："应侯当然不如文信侯专权独断啦！"

"你真的知道应侯不如文信侯专权吗？"

张唐说道："当然了。"

117

甘罗听了笑道："既然如此，那你为何还推辞不去呢？我听说，应侯想攻打赵国的时候，武安君反对他，武安君离开咸阳七里就被应侯派人赐死。像武安君这样的人尚且不能被应侯所容忍，你想文信侯会容忍你吗？"

张唐听了这话，不由得直冒冷汗。甘罗见状又说："如果你愿意去燕国的话，我愿意替你先到赵国去一趟。"

张唐连忙称谢答应了。

甘罗是怎么说动张唐的？为什么相国吕不韦都办不到的事情，少年甘罗的只言片语就办到了呢？通过甘罗和张唐的谈话，我们就可以发现这其中的缘由。其实，甘罗正是巧妙地应用了"反暗示效应"。甘罗找准了张唐的心理弱点，以此为突破口，借用"文信侯和武安君"的历史事实，刻意地夸大了"张唐如果不出使燕国"的后果，这实际上是给了张唐一种心理上的反暗示，正好击中了张唐的心理要害。在这种情况下，张唐意识到了自己的危险处境，他不得不答应请求，心甘情愿出使燕国。这就是"反暗示效应"的神奇之处。

我们在处理人际关系的过程中，如果能够巧妙地利用一下"反暗示效应"，也可以轻松地管理别人了。

当然，"反暗示效应"的应用也不能太盲目，要注意以下三点：第一，不到万不得已，最好不要使用这种方法；第二，要看对象，如果对方是那种"天不怕地不怕"的人，暗示的结果对对方构不成威胁的话，最好也不要使用这种方法；第三，要想好一旦"反暗示效应"没有达到预期效果时的补救措施。

恩威并重，最有效的管人手腕

"恩威并重"的本意是指赏善为恩，罚恶为威，即"安抚与强制一起施行"。封建时代的统治者极力推崇恩威并重的领导艺术，对臣子下属一方面施以恩惠，笼络人心，使他们知恩图报、誓死效忠；另一方面又极为严格地要求下属按照自己的意愿行事，稍有不符，就当面呵斥，使自己的威严得以维护并更具威慑力。

提到"恩威并重"，很多人就会立刻把它与"统治"和"管理"联想到一起，认为这是只有统治者和管理者才能使用的"管人策略"。其实，并非如此。作为一个普通人，我们在人际交往的过程中，不管面对什么人，如果我们能适当地用一用"恩威并重"的策略，也能取得意想不到的"管人效果"。

在日常生活中，不管是什么样的人，对之施以"恩"，我们就能从心里感动对方，笼络对方的"心"，从而让对方对我们知恩图报，在我们需要对方的时候，对方就会挺身相助；而在施以"恩"的同时，再对之施以"威"，能从心灵上震撼对方，让对方知道我们是有原则的，对方会从心底对我们产生一份由衷的尊敬。

清朝的大商人胡雪岩是一个非常懂得管理之道的人。对于下属，他从来都是恩威并重，从而让他们心甘情愿地跟随自己。

有一次，胡雪岩遇到一个外号叫做"小和尚"的人。这个人非常聪明，凡事一学就会。当时胡雪岩正想涉足蚕丝生意，非常缺少助手，对于这个

"小和尚"，胡雪岩非常喜欢，想让他成为自己的左膀右臂。不过，他听说这个人吃喝嫖赌样样都做，可不是一个老实人。于是，胡雪岩把"小和尚"叫到身边，对他说："王有龄巡抚是我的好朋友，你跟我干，将来一定错不了，到时候我会帮你成家，并且让你做出一番成绩。"接着，胡雪岩给了"小和尚"不少银子，让他先拿着花。

对于"小和尚"这么一个混混来说，能够跟着胡雪岩这样的"财神"自然是好事，更何况胡雪岩在朝中有人，在江湖中也很有名气。于是，他马上就答应了。胡雪岩接着说："你跟我干，我一定不会亏待你，但是我把你领进门，修行还要看你自己，如果你自己不争气，我也无法留你。""小和尚"是一个聪明人，知道胡雪岩非常在意自己的那些缺点，便向胡雪岩发誓，以后再也不像以前那样吃喝嫖赌了。果然，"小和尚"说到做到，他改掉了以前的那些毛病，一心一意地辅佐胡雪岩，成为胡雪岩生意场上的好帮手。

从上面的事例可以看出，胡雪岩对"小和尚"就是恩威并重，他先许诺不会亏待对方，然后又警示对方：如果你还像以前一样，我会把你驱逐出去。这让"小和尚"既看到了希望，又受到了警示，把以前的那些缺点都改掉了，一心一意地辅佐他。同样，在生活中，要想管好别人，让他一心一意地跟随你，也要像胡雪岩一样，恩威并重。

那么，怎样才能做到"恩威并重"呢？这其实并不难，那就是先读懂对方的心，然后再提出警示，让对方有所顾忌。我们想要驾驭一个人，就要知道对方在想什么，有什么愿望和追求。当我们知道这些之后，就能够投其所好，达到让对方感恩戴德的目的。当然，在投其所好的同时，还要让对方有所顾忌，如果仅仅施恩，对方不一定会服从你，甚至还会做出"以怨报德"的事情来。所以，在给对方好处的同时，也要让他心存顾忌，彻底地服从你、追随你。不过值得一提的是，我们在"施威"的时候一定要注意对方的心理感受，因为在这个世界上，没有任何一个人心甘情愿地屈服于别人。只有对方对我们施以的"威"心服口服了，他才会真正接受。另外，施威的时候要给对方留足面子，尽量不要在第三者面前施威。

此外，"恩威并重"策略的应用一定要把握好一个"度"。不管是对别人"施恩"还是"施威"，都要"施"得恰到好处。否则，"施恩"太多，就会让对方对我们行为的本质产生怀疑，从而达不到"施恩"的效果；"施威"太多，又会让对方从心里对我们产生"逆反心理"，甚至"仇恨心理"，这当然不是我们所期望的结果。所以，不管是"施恩"还是"施威"，都要掌握好火候，做得恰到好处，不露声色，这样才能做到"管人于无形之中"。

能以德服人，才能让人心悦而诚服

《孟子·公孙丑上》中说："以力服人者，非心服也，力不赡也；以德服人者，中心悦而诚服也。"意思就是说，采用强力去压服别人，不能让别人心悦诚服，别人只是力量不够而已；运用仁德去使别人自愿归顺的，别人就会心悦诚服地追随你。这就是以德服人的力量，古往今来的大智慧者都能以德服人。

大凡取得大成就的人，都懂得"未曾做事，先要做人"的道理。而做人要做的第一件事就是立德，治国安民要有一身正气，奉公尽职应无半点私心，与人交际要做到以心交心，待人接物务必至诚至真……这样才能民心所向，这样也才能让人"心悦而诚服"。那些只会以暴力作恶者虽能逞凶一时，但是却不能长存于世间，终为世人所唾弃，注定会被历史所淘汰。那些真正能够以德服人的人不仅能够服自己周围的人，更能服天下之人，服古今之人，也才能真正名垂青史。

我们来看这样一个小故事：

陈献章是明代著名的思想家和教育家，曾任职翰林院。陈献章博学厚德，闻名遐迩，主张端坐澄心，静中悟道。他的弟子非常多，世称"白沙先生"，有"广东第一大儒"的美誉。当然，更值得一提的是，陈献章的品德修养非常高，为人耿直，富贵不能淫，贫贱不能移，威武不能屈，深受老百姓的爱戴。陈献章也经常接济穷困老百姓，是很多老百姓心里的"陈恩人"。

有一次，陈献章从京城回家乡，与亲友们同乘一条船。他们的船到了广东的阳江以后，遇到了一伙强盗，众强盗把船上旅客的财物一抢而空。

这时，陈献章坐于船尾，正在静心静修。他见强盗们纷纷乱乱地抢走了别人的财物，便开口喊道："我这里也有行李，还是把我的行李也一起拿去吧！"

强盗们听了这话，大吃一惊，心想："世界上还有这种人？真是奇了怪了。"其中有一个强盗头目就问："你是谁？""我是陈献章。"陈献章回答说。这个强盗头目早闻陈献章的德望高名，连忙合手作揖行礼说："我等小人不知情，惊动了君子，请不要怪罪！船上的人，也算是先生的朋友了，我等不好意思贪图他们的财物。"于是，这个强盗头目就吩咐众强盗，把抢到手的财物又都送还到船上，走了。

古代圣人说："人生有三不朽，叫做立德、立功、立言。"这三条之中，立功要看风云之机，立言要根据适当环境，只有立德没有局限性，更没有大小的区分，而且人人可做，个个可行。做人要想不失去自己的为人之道，成为一个真正的人，只有在人的本质上下工夫才能做到。品德之所以是驭人服众最有效的手段和方法，更表现在它不管面对什么人都能很快见效。古语云："遇欺诈之人，以诚心感动之；遇暴戾之人，以和气熏蒸之；遇倾邪私曲之人，以名义气节激励之；天下无不入我陶冶矣。"意思就是说，遇到狡猾欺诈的人，要用赤诚之心来感动他；遇到性情狂暴乖戾的人，要用温和的态度来感化他；遇到行为不正自私自利的人，要用大义气节来激励他——这都是以德服人的行为典范。假如我们都能做到，"驭人服人"还有什么难的？

当然，以德服人不管到什么时候都应该以"与人为善"为最基本的原则，用真心、诚心、爱心善待我们周围的每一个人。"与人为善"还要做到"勿以恶小而为之，勿以善小而不为"。小恶虽小不以为然，酿成大恶就悔之晚矣，所以不能因其小而为之；相反，小善也是善，积小成大，积少成多，小善就会变大善，所以虽小善也要为之。另外，对他人的所作所为能以宽容的态度对待之，从情感教育入手，从诚意出发，促使其自觉改掉小恶，完善自己的形象，这也是与人为善的美德。

总而言之，世上的人千人千面，千变万化，每个人都面临适应人生、适应社会的问题。所谓以不变应万变，就是要在面对大千世界的时候，始终抱定以诚待人、以德服人的态度来适应人们个性的不同；就是对冥顽不化的人，也要以诚相待使他受到感化。

欲擒可先"纵"，练好"忍"字功

欲擒故纵的本意是：想要擒住对方，不妨故意先放开对方，以使对方放松戒备，充分暴露其弱点，然后以其弱点为突破口把对方捉住。欲擒故纵中的"擒"和"纵"，是一对矛盾。军事上，"擒"是目的，"纵"是方法。

欲擒故纵是一种智慧，一种做人的智慧，一种处事的智慧，如果运用得好，它能帮助我们轻松地驭人服众、实现目标。

一个刚退休的老人回到老家——一个小城，买了一座房住了下来，想在那儿安静地度过自己的晚年，写些回忆录。

刚开始的几个星期，一切都很好。安静的环境对老人的精神和写作很有益。但有一天，三个半大不小的男孩子放学后开始来这里玩，他们把几只破垃圾桶踢来踢去，玩得不亦乐乎。

老人受不了这些噪声，于是出去跟男孩子谈判。"你们玩得真开心，"他说，"我很喜欢看你们年轻人踢桶玩。如果你们每天来玩，我给你们三人每人一块钱。"

三个男孩子很高兴，更加起劲儿地表演他们的足下功夫。过了三天，老人忧愁地说："通货膨胀使我的收入减少了一半，从明天起，我只能给你们5毛钱。"

三个男孩子很不开心，但还是答应了这个条件。每天下午放学后，继续去进行表演。一个星期后，老人愁眉苦脸地对他们说："最近我没有收到养老金汇款，对不起，每天只能给两毛钱了。""两毛钱？"一个男孩子不屑地说，"我们才不会为了区区两毛钱浪费宝贵时间为你表演呢，不干了。"

从此以后，老人又过上了安宁的日子。

从这个小故事中，我们可以看出，"欲擒故纵"确有其神奇之处。与人交际，制人驭人就是这样。在与人交往的过程中，如果我们能很好地利用"欲擒故纵"的策略，就可以轻松地把人际关系处理好，在举手之间操控对方的心理，制人驭人于无形之中。

"欲擒故纵"的关键就在于其一"扬"一"抑"的智慧，先放后收，常能出奇制胜，这一纵一擒，就像一股奇兵，使对方在放松中"痛失城池"，在毫无戒备之中上当，最终无可奈何地服输。

诸葛亮七擒孟获，就是军事史上一个"欲擒故纵"的绝妙战例：

蜀汉建立之后，定下北伐大计。当时西南夷酋长孟获率十万大军侵犯蜀国。诸葛亮为了解决北伐的后顾之忧，决定亲自率兵先平孟获。蜀军主力到达泸水（今金沙江）附近，诱敌出战。诸葛亮事先在山谷中埋下伏兵，孟获被诱入伏击圈内，兵败被擒。

按说，擒拿敌军主帅的目的已经达到，敌军一时也不会有很强的战斗力了，乘胜追击，自可大破敌军。但是诸葛亮考虑到孟获在西南夷中威望很高，影响很大，如果让他心悦诚服，主动请降，才能使南方真正稳定；不然的话，西南夷各个部落仍不会停止侵扰，后方难以安定。

想到这里，诸葛亮决定对孟获采取"攻心"战，断然释放孟获。但是孟获并没有因此而臣服诸葛亮，并且非常不服气。孟获临走时表示下次定能击败诸葛亮，诸葛亮则笑而不答。

孟获回营，拖走所有船只，据守泸水南岸，阻止蜀军渡河。诸葛亮乘敌不备，从敌人不设防的下流偷渡过河，并袭击了孟获的粮仓。孟获暴怒，要严惩将士，激起将士的反抗。将士相约投降，趁孟获不备，将孟获绑赴蜀营。

诸葛亮见孟获仍不服，再次释放。以后孟获又施了许多计策，都被诸葛亮识破，四次被擒，四次被释放。最后一次，诸葛亮火烧孟获的藤甲兵，第七次生擒孟获。

这次，孟获终于服了，他真诚地感谢诸葛亮七次不杀之恩，誓不再反。从此，蜀国西南安定，诸葛亮才得以举兵北伐。

"欲擒故纵"的精妙之处正在于一"收"一"放"，其实这也是重要的心理策略。"纵"是为了让对方放松警惕，等对方把戒备之心全都消除之后，再突然以本来的面目示人——"擒"。其实每个人都有弱点，每个人的内心都有不可触摸的柔弱之处，如果我们能够抓住人类心理的这个弱点，在为人处世的时候，在遭遇难题的时候，适当地采取"欲擒故纵"的策略，就可以很快地解决很多难题。

因此在人际交往的过程中，如果我们能够使用好欲擒故纵的策略的话，就能很轻松地制人驭人于无形之中。

心理学与生活
让你受益一生的 88 个心理学定律

以柔克刚刚必断，以弱制强强自残

在日常生活中，我们对这样的现象并不陌生：当鸡蛋掉在石头上时，鸡蛋很容易破碎；而当皮球掉在石头上时，它会弹起来而保持完好无损。原因在于皮球对强大的外力能以柔韧化之，而鸡蛋却不能，故有"以卵击石，自不量力"之说。大家都知道硬度极差的铝，柔韧性却极好，我们可以用锤子把它砸得像纸一样薄，但仍然不能把它砸为两半。这其中蕴涵的道理就是——以刚克刚，必两败俱伤；以柔克刚，则马到成功。

老子曾反复以水为例，论证"柔弱能胜刚强"的道理。水虽柔弱，但滴水却可穿石，它遇圆则圆，遇方则方，遇止则止，随缘而流；同时它又能摧坚克强，无往而不胜。这就是水的特性。把石头扔进水里，就会被水覆盖，因为水有"包容"性；着火了，我们用水去扑灭，因为水有"化解"性；泥土遇见水，会变得柔软，因为水有"柔韧"性；把木头放进水里，会逐渐腐烂，因为水有"渗透"性；钢铁泡在水里久了，就会生锈，因为水有"侵蚀"性……水的这几种特性，就是代表着"柔能克刚，弱能胜强"的原理。生活中，我们很需要具备水的这种特性，很多事情最好的解决思路正是要学会以柔克刚，正如老子所说的一样："天下莫柔弱于水，而攻坚强者莫之能胜，以其无以易之。弱之胜强，柔之胜刚。"

春秋末期，郑国宰相子产在治理国家上采用的就是以柔克刚的方法。子产为政刚柔并济，以柔为上，柔以制刚。

当时，郑国是一个小国，国力甚弱，要想在大国林立的空间求得生存，增强国家的实力刻不容缓。子产提倡振兴农业，兴修农事，同时征收新税，以确保有足够的军费供应和给养。

新税征收伊始，民众怨声四起，沸沸扬扬，甚至有人扬言要杀死子产。朝中也有不少朝臣站出来表示反对新政，而子产毫不理会，也不作过多的解释，只是耐心等待事态的发展。子产说："国家利益为重，必要时自然得牺牲个人利益，服从国家利益。我听说做事应当有始有终，不能虎头蛇尾。有善始而无善终，那样必然会一事无成，所以，我必须坚持将这件事做完。"

新税照常征收。由于子产还采取了振兴农业的办法，因此农业很快便发展起来了。随着农业的繁荣发展，民众由怨到赞，众人皆服。

子产还在各地遍设乡校，乡校言论自由，因此有些对政治不满的人往往把乡校作为论坛，进行政治活动。有人担心长期下去会影响统治，便建议取缔。子产却说："这是没有必要的，百姓民众劳累一天，到乡校中发发牢骚，评谈政治实乃正常。我们可以作为参照，择善而从，鉴证得失。若强行压制，岂不如以土塞州，暂时或许会堵住水流，但又必将招来更猛的洪水激流，冲决堤坝。那时，恐怕就无力回天了，倒不如慢慢疏导，引水入渠，分流而治，岂不更好？"众人皆服。

事后证明，子产的新政是非常正确的，取得了良好的效果。在新政的推广下，郑国国力有了很好的提升。

能取得这样的成功，与子产"以柔克刚"的为职之道和处事策略有很大的关系。

从为人处世的角度来讲，以柔克刚既是一种做人做事的智慧，也是一种在人际交往中非常实用的交际策略。在人际交往中，我们如果能学会以柔克刚，就能轻松掌控和操纵对方的心理，从而避免很多不必要的麻烦。俗话说："百人百心，百人百性。"有的人性格内向，有的人性格外向，有的人性格柔和，有的人则性格刚烈，各有特点，又各有利弊。从心理学的角度来讲，所有的人都是非常强势的，因为每一个人从心底对自己都有一种天生的优越感。如果我们能抓住人们的这一点"心理优越"，然后有的放矢地采取交际措施，就能很快地击败对手。

事实上，大凡刚烈之人，其情绪颇好激动，情绪激动则很容易使人缺乏理智，仅凭一股冲动去做或不做某些事情，这便是刚烈人的特点，恰恰也是其致命的弱点。对待刚烈之人如果以硬碰硬，势必会使双方都失去理智，头脑发热，做事不计后果，最终两败俱伤。倘若以柔和之姿去面对刚烈火暴之人，则会是另一番局面，恰似细雨之于烈火，烈火熊熊，细雨丝丝，虽说不能当即将火扑灭，却有效控制住了火势，并一点点地将火扑灭。

在具体的交际过程中，所谓的"以柔克刚"，其实只是耐心、忍心、信心、恒心、毅力的比较。在这些方面，谁占了上风，谁就是真正的胜利者。而柔或刚，只是两者在比较时表现出来的表面形态，这里所谓的刚，不过是浮躁、虚张声势、经不起挫折的表现；而柔，则是虚怀若谷，因为对自己充满信心、胜不骄、败不馁才有的表现，也才能以柔克刚。

总而言之，我们在操纵人际关系的过程中，如果遭遇非常强势的对手，不妨学学"以柔克刚"这一招。正如一代名臣曾国藩所说的："做人的道理，刚柔互用，不可偏废。太柔就会委靡，太刚就容易折断。刚不是说要残暴严厉，只不过强矫而已。趋事赴公，就需强矫。争名逐利，就需谦退。"学会以柔克刚的交际策略，我们就能根据强势对手的强势心理，随机应变地采取合适的交际措施，从而轻松地把强大的交际对手掌控在我们的掌心。

用真诚的溢美之词也可以轻松管好人

林肯说："尖锐的批评、斥责，永远不会有效果的，永远比不过一句简单的称赞之语。"富兰克林说："我不说任何人的不好！我只会说我所知道的每一个人的好处！事实证明，所有人都会拜倒在我的赞美之中。"在这个世界上，没有人不喜欢赞美，没有人不需要赞美。在人际交往的过程中，赞美是最锋利的武器，赞美是最有效的方法……因此，不管面对什么样的人、什么样的事情，请不要忘记赞美。

无论是凡夫俗子，还是高傲的国王，都喜欢别人的赞美，这是人性的普遍需求。人人都需要赞美，当我们赞美一个人时，心里未必喜欢他。但是我们也应该想一想，当我们不喜欢的人赞美我们时，我们心里是不是也很高兴呢？只要我们能这么想，就不会再吝啬赞美了。

事实上，在人际交往的过程中，如果我们能用一颗博爱的心去赞美别人的话，就会像富兰克林所说的那样"所有人都会拜倒在我的赞美之中"。那样，我们不费吹灰之力就可以管好很多人。

1863年4月26日，也就是在美国南北战争最暗淡的时期，林肯和他的北军在战场上做着一次又一次悲剧性的撤退。

在这样的背景下，整个美国都震动了，成千上万的将士们开始在战争中当逃兵，甚至共和党的参议员也起而反叛，希望迫使林肯离开白宫。

在这种情况下，林肯给胡格将军写了一封信，尝试说服这位正在打退堂鼓的将军。当时的国家命运完全掌握在胡格的手里。这封信被认为是林肯在做总统以后所写的最锐利的一封信，信的内容是这样的：

"我们现在正处于崩溃时期，我已任命你为波托马克的陆军首长，当然我之所以这么做，对我来说有很充足的理由，不过，我认为最好还是让你知道，在有些事情上，我对你相当满意。

"我相信你是一名勇敢而战技纯熟的军人，当然，我十分欣赏你，我同时相信你不会把你的职业和政治混为一谈，你这样做是对了，你对自己很有信心，如果这不是一种不可缺少的个性，必定是极有价值的美德。

"我曾听说——由于言之确凿使我不得不相信，你最近曾说，军队和政府都需要一位独裁者,当然,并不是为这个,而是由于我不予理会,我才赋予你指挥权。

"只有那些有成就的将领才可以被尊为独裁者。我现在所要求你的是军事上的胜利,我甘冒独裁的风险。

"政府将尽一切力量来支持你,政府在过去和将来对所有的指挥官都是如此支持,我十分反感你以前带到军中来的那些精神,批评长官,不信任长官,现在可能将会报应到你的头上。我将帮助你,尽我的一切力量将之扑灭。

"当这种精神盛行于军队的时候,不管是你还是拿破仑——如果他再度复活的话,也无法指挥军队,现在你要注意,不可轻率从事,但要以充沛的精力和不眠不休的警觉精神向前推进,把胜利带回给我们。"

从这封信中,我们看到,在林肯批评对方的错误之前,先称赞了胡格将军。说到底,这封信最成功的地方也正在于——林肯用最真诚的溢美之词称赞了胡格将军。"春风化雨,良言暖心",试想,胡格将军捧读此信,怎能不由衷感动而甘愿效忠林肯呢?其实,人与人之间纷繁复杂的交往,利用赞美就可以轻松化繁为简。学会赞美,我们就会赢得所有人的认可,就可以轻松管好任何人。

总而言之,人人都喜欢赞美的话,人人都是希望被重视,任何时候你都要经常讲一些赞美别人的话,而且是真诚地赞美。赞美的力量是非常大的,它会鼓舞一个人的士气,会让一个人更心甘情愿地做一件事情。所以,当我们想要获得别人的帮助与支持,当我们想要从某种意义上管理别人的时候,千万不要忘了从称赞与真诚的欣赏开始,用最真诚的溢美之词作为打开对方心扉的钥匙。

第七章

好人缘让你事半功倍

　　没有人可以在一个人的世界里悄无声息地完成任何一件事情，人是社会的，是团体的，而非孤立的。既然如此，与人打交道就变得尤为重要。"如何与人交往"是一门艺术，但艺术终究有它内在的特征和意蕴。学习和掌握了这些内在的特征和意蕴，你便掌握了交往的艺术，进而为自己打开交际的门，让你在社交场上游刃有余！

邻里效应：交往越多越亲密

我们跟陌生人交往时，总是十分拘谨，于是，我们更喜欢跟自己熟识的人交往。两个人之间，总是物理空间距离越近，见面的机会也就会越多，也就更容易熟悉。这样一来，就为大家彼此间的交往创造了客观条件。久而久之，彼此的心理空间被拉近，彼此间也就更加熟悉。

俗话说："远亲不如近邻。"也正是因为我们跟自己的邻居交往得多、接触得多，所以日益熟悉起来；而跟自己的亲戚由于空间距离上相对较远，接触的机会就会相对减少，久而久之，彼此间的关系就生疏起来了。这种现象，在心理学上就被称作"邻里效应"。

20世纪50年代，美国社会心理学家曾对麻省理工学院17栋已婚学生的住宅楼进行过一次调查。

这些住宅多为二层楼房，而且每层有5间房，住户住到哪一间纯属偶然。因此，大多数的住户在住进这座楼层前是不相识的陌生人。

住在这里的人们在接受调查时，都会被问道："在这个居住区内，和你经常打交道的最亲近的邻居是谁？"

结果调查显示，居住的空间距离越近的人，他们的交往次数就会相应越多，而且关系也就会越亲密。在同一层楼中，每户和隔壁邻居交往的概率是41%，和隔一户的邻居交往的概率是22%，和隔三户的邻居交往的概率只有10%。

事实上，多隔几户的邻居，彼此间的实际距离并没有增加多少，但是亲密程度却大有不同。而对于那些不住在同一个楼层的人们来说，他们每天至少会见面两次，但从来都不打招呼。

显而易见，人与人之间交往越多，关系就会越亲密。因此，有个心理学家曾开玩笑似地讲道："倘若你想追求一个女孩子，千万不要每天都给她写信，因为她很有可能因此而爱上邮差。"

看起来心理学家是在开玩笑，但从中我们也可以得到一种信息，那就是，若想跟某人建立亲密关系，就需要主动与他多接触，增加日常生活中的联系。这样一来，随着彼此间交往的深入，彼此的印象也就会更深一层。无论是友情，还是爱情，不可能发生在完全陌生的两个人之间。情感的建立，需要适宜的空间距离，更需要适宜的心理距离。

很多人说自己不是不喜欢与人交往，只是自己很害羞。因此，很多年轻人并不懂得如何主动与人保持联系，如何主动与人打交道。事实上，与人交往很简单，只要你一句真诚的问候和招呼，彼此间的陌生感就会慢慢消融。

在公司里，夏利是个人人羡慕的人物，她年纪轻轻且刚刚大学毕业就当上了总经理的秘书，成为离老板最近的人。"你真好，天天跟公司的高管混在一起，最容易得到高管的赏识，不像我们，累死累活地在那里干活，一个月也见不到总经理一次。近水楼台先得月，你肯定比我们要升得快很多。"同事们都羡慕地说道。

同事们的说法也着实让夏利兴奋了一阵子。她从小就在一个比较优越的环境中长大，爸爸是一家企业的领导，妈妈是机关干部，而且夏利生得出水芙蓉，从小就很招人待见。长大后，身边也总是不乏一些"献殷勤"的男生。

这样的环境，这样的条件，致使夏利的性格有些孤傲。从小到大，她几乎都是生长在别人的赞扬声中，不懂得什么是"迎合"。尽管她从没有主动跟人交往过，但她的身边也从不缺少朋友。

可是，"社会大学"是一所多元化的大学，以前从未面对过的考验，在这里你都要学会接受。夏利进入公司一个月后，就开始为如何与领导相处犯了难。不管她怎样下定决心与领导搞好关系，但很多话她仍旧说不出口。在别人那里再正常不过的一些话，在她看来都是趋炎附势。

起初的两周内，领导每天总是先打破沉默，主动找她说话或者和她聊一些生活中的趣闻。渐渐地，她发现领导找她说话的次数越来越少了，即使说话，也仅仅局限在工作范畴内。这样一来，办公室的气氛就更加拘谨、沉闷，而这种工作的氛围，让夏利感到很压抑。可是她实在不知道如何打破这种局面，以至于她和领导的关系陷入了僵局。

夏利并不是不友好，也并不是不懂得与领导搞好关系的重要性，只是她多年的习惯让她无法在短时间内运用好"邻里效应"。工作中的同事跟我们的关系，比起邻里来更要亲密许多，彼此间的空间距离有时短到只是一层挡板相隔，正所谓"抬头可以看到对方的脸，低头可以看到对方的脚趾尖"。倘若这样的空间距离你都无法与同事建立亲密的联系，只能说你真的是一个不善交际的人。

其实，夏利的问题完全可以用一个友好的招呼解决。打招呼是对等的，通常情况下，你主动跟你的"邻里"打招呼，他都会还你一个友好的微笑，而下一次见面时，他便会主动地招呼你。随着打招呼次数的增多，你们之间的联系也会越来越密切。渐渐地，彼此间的陌生感消失了，取而代之的便是真诚的友谊。

跷跷板定律：交友要遵循互惠原则

著名的社会心理学家霍曼斯曾经说："人际交往在本质上是一个社会交换的过程，即相互间给予彼此所需要的。"有的人把这种交换称为人际交往的互惠原则。其实，人和人之间的关系就像玩跷跷板一样，和谐相处并保持彼此间的平衡和对等，才会让彼此间的关系友好地保持下去。一旦彼此的交换出现了不对等，就会像跷跷板失去平衡一样，关系也就会随之紧张起来。这就是心理学上著名的跷跷板定律。

很多人在日常交往中，无法与人建立起正常的交际关系，就是因为不懂得"跷跷板定律"。倘若你只是一味地照顾到自己的想法和感受，而置别人的感受于不顾，久而久之，身边的人就会离你渐行渐远。

心理学家还认为，"以自我为中心"是人际交往中的一大障碍，它会阻碍人际关系的正常发展。以自我为中心的人，总是以自己的需要和兴趣为中心，只关心自己的利益得失，而对别人的感受一概置之不理。任何事情，任何时候，他们总是站在自己的角度去看、去想、去理解事情，盲目地坚持自己的意见和态度。因此，这样的人到头来只能是孤家寡人，没有真正的朋友。

刘晓明毕业于名牌大学，在学校时受到的嘉奖与表扬无数。毕业后，他又到国外继续深造了一年，并拿到了硕士学位。这一切让他有一种无比的优越感，参加工作后，自然而然地也就自认为是公司的佼佼者。

但是进入公司后不久，他就发现大家似乎并不买他的账。很多人并不是找他取经说道，而是尽量避免与他接触。这样一来，导致他在公司的人缘非常不好。

前些天的一件事，更是让刘晓明的同事王鸿心中不快。眼看就要下班了，王鸿的工作还没做完，但他母亲乘坐的火车马上就要到了，由于母亲第一次从乡下到城里来，所以他必须去接站。"兄弟，帮我把这些文件整理一下，我去下火车站。"王鸿一边说着，一边起身穿衣服。

"我晚上还有事，你还是自己解决吧。""什么玩意，老子前几天还帮你挡了一刀。"王鸿愤愤地想。这时，另外一位同事主动站出来请缨，这让王鸿感动不已。日后，他们不但成了要好的工作伙伴，私底下，还成了非常要好的朋友。

慢慢地，一些同事们关于他的议论传到了他的耳朵里。"他以为他是谁啊！凭什么总是指手画脚地让我去给他发传真？他自己没有手脚吗？""是啊，动不动就让我给他打饭，跟个大爷似的。""每次跟我借钱，就跟我欠他似的。上次，我出门忘了带钱包，找他借几十元钱，他竟然拒绝了。"……

他这才醒悟，原来自己在同事的心目中竟是这么自私的一个人。而且他还发现，同事都是各大名校的高材生，自己根本就没有什么值得炫耀的。可是这些，他以前似乎从未考虑过。

从那以后，刘晓明就像变了一个人似的，他开始学着去关心身边的同事，在他们需要帮助的时候，他总是第一时间站出来。渐渐地，跟他打招呼的人多了起来，他的电话号码逐渐地被大家要去，周末的时候，大家时不时地就会叫他去打打桌球。

有人说，每个人都是自私的，只是程度不同罢了。但是心理学家认为，自私可以被分为有意识的和无意识的。他们认为，有意识的自私是一个人的性格问题，比如那些爱占小便宜、斤斤计较的人，他们的价值观、人生观已经被定格到"自私"的框架上，他们的人格已经发生了扭曲。而那些无意识的自私，则是社交技巧的问题，比如像刘晓明这样的情况。

但是我们必须清醒地认识到，无论是性格使然，还是不懂得社交技巧，每个人在日常交际中，都应该认识到人际交往中对等的重要性。在交际中，人与人之间的关系就像是坐在跷跷板上，只有保持彼此间的平衡，让双方都轮流翘起来，才能继续玩下去。倘若彼此间的平衡遭到破坏，那么两者之间的关系也就会随之遭到破坏。这个时候，最为明智的做法就是减轻自己的"重量"，并将其减轻的部分给予对方，以便自己重新被翘起来！

首因效应：第一印象很重要

在第一次与人交往时，往往从这个人映入人们眼帘的那一刻起，他给人的第一印象就已形成了。而在日后的交往中，人们对这个人的第一印象会影响人们对他的评价。第一印象很重要，在人们的心中持续的时间也最长，比以后得到的信息对于整个事物产生的作用都要强过好多倍。这就是社交心理学中的首因效应。

　　社交活动中，第一印象非常重要。很多时候，通过第一印象，我们就能判断出这个人是否值得继续交往下去。因此，在第一次与人谋面时，倘若能够留给对方非常正面、良好的印象，对方就会希望跟你继续交往下去；倘若情况恰恰相反，那对方极有可能会因此而终止与你的交往。因此，在日常交际中千万不要忽视了第一印象的重要性。

　　李林在一家软件公司任人事部经理，这两天，他为了招聘的事忙得焦头烂额。说实话，要想招到德才兼备的员工并不容易。李林在桌子上一大堆的简历中挑了又挑，选了又选，最终决定让其中的几个人来面试。

　　王晶被叫进了面试间，很友好地跟李林相互点头一笑，李林示意他坐在靠近门口的沙发上。李林眼前的这个大男孩看起来很阳光，很斯文，眼神里有几分的羞涩和紧张，但这仍旧遮挡不住他的自信。王晶对李林提出的问题回答得非常得体，李林频频地点头微笑，决定让秘书小高带他去隔壁实际操作一下，目的是考核一下他的计算机技术是否过关。

　　趁王晶去隔壁的空当，韩斌被请进了面试间，韩斌先是不耐烦地一屁股坐在了沙发上，开口的第一句话就是抱怨让自己等得太久。然后他靠在沙发背上跷起了二郎腿，开始对他的名牌大学、出身豪门信口开河。慢慢地，他似乎早已经忘记自己是来面试的了，李林几次正在讲话的时候都被他打断。不过，唯有一点值得肯定，那就是他比起王晶来，所学的专业跟公司的要求更对口，而且技术方面也很过关。可是，他却让李林感到很别扭。

　　最后，韩斌还是被李林客气地请出了面试间，出门前，韩斌还不忘很"自信"地问一句："行不行啊？如果不行，你直接告诉我，我还要忙着面试，没那么多时间。""回去等通知吧！"紧接着是"哐"的一声关门声。

　　这时，秘书进来告诉李林，王晶的技术尽管还有待提高，但是，总体来说还可以，感觉是个可塑之才。李林笑着点了点头，并嘱咐秘书给王晶安排工作岗位。接下来，他在韩斌的简历上画了一个大大的红色的"×"。

说实话，论学历、论能力，韩斌都不在王晶之下，他输就输给了自己的骄傲自大，而他自己却全然不知。对于职场人士来说，面试是一项重大的事件，是人生的一大转折，很多人生的帆船就是在这里起锚。倘若表现得好，别人便渴望有机会跟你继续交往下去，这样一来，你便有机会进入公司工作。倘若表现得不好，就会像韩斌一样被拒之门外。细节之处往往体现出的是一个人的习惯，而习惯则体现出一个人的品位，品位则是衡量一个人社交能力的重要标尺。

为了证实第一印象在交际中的重要性，美国心理学家卢钦斯曾经做过一个非常著名的实验。

1957年，美国心理学家卢钦斯特意编撰了两段文字，描写一个名叫吉姆的男孩的生活片段。第一段文字写道：吉姆是个热情、外向的男孩，他很喜欢与很多朋友一起去上学。他走在洒满阳光的马路上，热情地跟路边的熟人打招呼。另一段文字则写道：吉姆是一个性情冷淡且内向的男孩，他放学后总是一个人步行回家，而且走在马路上时会走背阴一侧，不喜欢与人打招呼。

实验中，卢钦斯把两段文字组合起来分成四组：

第一组，描写吉姆热情外向的文字先出现，冷淡内向的文字后出现。

第二组，描写吉姆冷淡内向的文字先出现，热情外向的文字后出现。

第三组，只有描写吉姆热情外向的文字。

第四组，只有描写吉姆冷淡内向的文字。

接下来，卢钦斯让四组人分别阅读一组文字材料，然后要求他们回答："吉姆是一个什么性格的人？"

结果发现，第一组人中有78%的人认为吉姆是友好的；第二组人中只有18%的人认为吉姆是友好的；第三组人中认为吉姆是友好的人有95%；第四组只有3%的人认为吉姆是友好的。

第一组和第二组接受调查的对象，其实接触到的描写吉姆性格的内容是完全相同的，只是顺序不同罢了。结果，人们对吉姆的印象产生了很大的差别。也就是说，信息出现的顺序会影响一个人的看法，而且先出现的信息总是比后出现的信息具有更大的决定作用。这就是著名的首因效应，它还被称做第一印象效应、首次效应、优先效应。

卢钦斯的实验并没有就此终止，他改变了实验条件，重新组合两段文字。在调查对象念完第一段描述后，让他们做数学题或是听故事，或是做其他跟吉姆毫无关系的工作，然后再给他们看另一段描写吉姆的文字。

结果发现，大部分的人会根据后面一段的描述对吉姆进行判断。也就是说，总体印象形成的过程中，新近获得的信息比原来获得的信息影响力更大。这个现象就是社交心理学中的近因效应。

首因效应和近因效应是人际交往中两大重要效应，在人际交往的过程中，一定要善于把握和运用。

曝光效应：朋友之间要经常走动

心理学家费希纳早在1876年就通过研究发现，人们看到熟悉的事物出现在眼前，总是有一种如沐春风的感觉。这就是心理学上的曝光效应，又被称为多看效应、暴露效应、接触效应等，表明的是人们更加偏好自己熟悉的事物。社会心理学还把这种效应称为熟悉定律。

日常生活中我们会有这样的感觉，多年的朋友由于长时间不曾联系而变得生疏起来；亲戚由于不生活在同一座城市，加之不经常走动，彼此间的关系也会由于这种空间距离的拉远而不再像以前那么亲近了。包括我们平时说的"远亲不如近邻"也同样是这个道理，邻居间从陌生到熟悉，再到亲过远亲，原因就是彼此间见得多了，接触的多了，熟悉了，我们便更愿意与之交往。这些现象体现的正是人们的熟悉心理。因此，要想跟自己的亲朋好友一如既往地保持比较亲密的关系，就要加强彼此间的联系，经常走动走动。

范亮是一名普通的快递员，刘娟则是超市里一名普通的收银员；范亮是豪爽的东北人，刘娟则是温婉的江西女孩。单纯从空间距离上来看，这两个人素昧平生，互不相干。但是，两个人最终却走到了一起。

刘娟就在范亮租住的房子旁边的超市里做收银员，范亮则经常到超市里购物。起初的时候，一个是顾客，一个是服务人员，两个人之间也只是收钱、找钱的短暂接触，除此之外，他们几乎没有其他的见面机会。

去超市的次数多了，范亮的心中便对那个甜甜的笑容有了印象。久而久之，他发现自己越来越喜欢往超市跑，有时如果发现刘娟休息，他就只在柜台边转一圈，然后怏怏地离去。倘若他发现正是刘娟的班，则会进去拿一大包方便面，然后便跑去结账，而且一天绝对不是只去一次。

日子久了，范亮更加喜欢刘娟的甜甜的笑容，而刘娟也早已熟悉了那个带着微笑、手里拎着一包方便面的高个子男孩。慢慢地，范亮觉得自己必须大胆地再往前一步，他不想让自己心爱的姑娘就这样近在咫尺，却远在天涯。于是，在一天买完方便面结账的时候，他故意在掏钱时把自己的身份证带了出来。刘娟发现了他的身份证，但这时他的背影已经消失在超市门口外的拐角处。就这样，刘娟第一次知道了范亮的名字。

过了一会儿，范亮"火急火燎"地来找身份证，刘娟微笑地将其物归原主。那一次，他们谈话的数量第一次超过了十句。两天后，范亮请刘娟吃饭以表达自己的谢意。

其实，在范亮不厌其烦地到刘娟工作的超市晃悠的期间，超市的大姐们也曾给刘娟介绍过几个男朋友。但她自己也不知道为什么每次看到对方，都会跟那个熟悉的身影相比较，而比较的结果，也总是那个熟悉的身影胜出。再后来，有情人终成眷属！

或许，范亮根本就不懂心理学，但他的行为却恰如其分地解释了心理学上的曝光效应。他最终能够成功牵手自己心仪的女孩，正是因为他在刘娟面前"曝光"次数的不断增多，彼此间才有机会从陌生到熟悉，再到恋人。

因此，如果你中意某个女孩，就经常在她身边出现，然后伺机靠近她。倘若你能够经常跟她一起乘坐电梯，或者出现在她经常出现的超市、健身房里等，这些"暴露"都能够很好地帮助你提高在她心目中的好感度。

最近，周诗同又混进了出版业，忙着帮几位作家把作品卖到海外去。这小子在朋友的心目中永远都是这么八面神通，出版业、广告业、金融业、工商业等几乎就没有他不认识的人。其实，他并不认识什么作家，也没有海外出版业的朋友，但他却能鬼使神差地把两者联系起来。

周诗同性格豪爽，喜欢交朋友，因此，全国各地单位组织的会议一概都会有他的身影。他还有一个爱好，就是喜欢在报纸上撰篇小文。这样一来，他在媒体面前的曝光率就逐渐高了起来，人们对他也就逐渐熟悉起来。而且周诗同这样的人，还很容易给人一种"这人很了不起"的印象。

可见，人际交往中，若想增强吸引力，就要提高自己在别人面前的"曝光率"，加强别人对自己的熟悉度，这样才有可能让别人更加喜欢你，更喜欢与你交往。

当然，要想让曝光效应发挥作用，你的第一印象也是重要的。试想，

第七章 好人缘让你事半功倍

一个第一次见面就让你非常反感的人或物，即使以后的日子里你屡次见到他们，也很难产生曝光效应，甚至会更加反感。因此，倘若你断定给人的第一印象还不错，而且想与之继续交往下去，那么，在以后的日子里，经常在其面前"露个脸"是增进你们关系的既简单又有效的好方法。

竞争优势效应：学会合作是交际之道

社会心理学家认为，人们天生就怀着一种竞争的天性，每个人都总是希望自己更优秀，从而可以超越他人。因此，当人们面对利益冲突时，就会毫不犹豫地选择竞争，即使双方拼个两败俱伤也在所不惜。有时，双方原本是合作伙伴，但因利益分配不均，致使双方分道扬镳，放弃了有利于双方的

143

"合作"，而转向竞争。这种现象，在心理学上被称作"竞争优势效应"。

心理学上有一个经典的实验，研究的就是人们的竞争心理。心理学家让参与实验的学生两两组合，然后各自在纸上写下自己想要得到的钱的金额，当然在写之前是不能商量的。如果两个人的金额之和等于或是小于100元，那么，两个人就可以从心理学家那里得到自己在纸上写下的金额的钱；如果两个人的金额之和大于100元，那么他们就要分别付给心理学家纸上的金额的钱。

结果，大部分的学生都需要付给心理学家钱，而在纸上写下的金额之和小于100元的学生寥寥无几。

实验告诉我们，人类的竞争意识似乎与生俱来。但尽管如此，竞争仍有两种截然不同的心理——积极的竞争心理和消极的竞争心理。积极、健康的竞争心理有利于激发自身的潜能，将竞争转化为前进的动力；消极、不健康的竞争心理甚至会给人给己带来毁灭性的灾难，有这种心态的人往往抱着"我不好过也不能让你好过"的敌对心态，最终落得两败俱伤。

众所周知，可口可乐公司与百事可乐公司一直以来就是一对竞争对手。两家公司特别是在广告宣传方面更是争得不遗余力，只要一方有了新动作，另一方肯定也不会善罢甘休，紧跟着就会使出新招，目的就是为了使自己能在日益激烈的市场竞争中立于不败之地。

发生在20世纪20年代的飞机宣传事件就是两个公司竞争激烈的很好见证。起初，先是可口可乐在古巴用飞机在空中喷出烟雾，画出"COCA-COLA"的字样，接下来，不甘示弱的百事可乐公司租用8架飞机，在东西两海岸城市，用机尾喷雾的方式写出了百事可乐的字样。

1939年，可口可乐公司慷慨赞助了纽约世界博览会。博览会期间，他们请名人啜饮可口可乐，随后将照片刊登在杂志封面上。百事可乐公司见状，也找专业人士为自己设计了一套卡通片，而且还创作了一首风靡全美的广告歌曲。

多年的竞争中，这两大巨头总是使出浑身解数来使自己在市场中更加占有优势，以至于最终的结果是势均力敌，两者都得到了长足的发展，维持了共生共荣的和谐局面。

竞争，可以给企业带来动力，让其得到长足的发展。竞争，也同样可以使人取得进步。在现代企业管理中，倘若管理者懂得运用"竞争激励"的机制来调动工人们的工作积极性和激发工人的工作潜能，那么，在良性的竞争环境中，企业的总体效益就会得到不断的提高。

在一家大型的工厂中，工人们每天的工作量总是不达标，这样一来工厂的总体效益总是在同行业之后。这件事让工厂的管理者们颇感头疼。

一天，厂长亲自到车间视察工作。他上前询问一位上白班的工人："你们今天做了几个单位的订单？""5个。"工人答道。

厂长默不作声，叫人在墙上写了一个大大的"5"字，然后一言不发地走开了。来上夜班的工人们看到这个"5"字并得知缘由后，心理暗暗地较起劲来，工作时手脚比平时麻利了很多。于是，厂长把一个大大的"7"字写在了墙上。第二天，白班的工人来上班的时候看见墙上有一个大大的"7"字，并且也知道了缘由，每个人都不服气。于是，他们工作时更加卖力。下班前，他们把一个大大的"10"字很神气地写在了墙上。

不久后，这个一向落后的工厂的业绩开始突飞猛进，再加上厂长在其他制度方面的改革，工厂的效益很快在同行业中脱颖而出。

聪明的厂长巧施一计激起了工人们的竞争意识，大家从心底里开始较劲，于是工作效率很快就得到了大幅度提高。这种竞争很显然就是一种积极的、健康的竞争，其最终的结果往往是利人利己，使双方都得到长足的发展。当然我们也不能否认，现实生活中有着不少"损人不利己"的不良竞争的例子。

2002年，南京发生特大投毒案。浦口区桥林镇人陈正平，为了生计，在汤山镇开了一家小吃店。可是，他的小吃店开了大半年后，生意并没有任何起色，而离他的小吃店不出几十米远的地方也有同样的一家小吃店，生意却格外地红火。陈正平眼见别人的小店经营红火，于是心生嫉妒，趁对方店主不注意时，偷偷地用剧毒灭鼠药"毒鼠强"在对方店的食物中投毒。结果造成了三百余人中毒、42人死亡的惨案。

陈正平的竞争心理显然是不健康的，他眼见别家的小吃店比自家的红火，非但没有积极地找出自己不如人的原因，然后设法改进，以招徕顾客，反而是为了达到自己心理上的平衡，处心积虑地陷害竞争对手，以至于伤及无辜，最终导致了悲剧上演。

我们应该感谢竞争对手，正是由于竞争对手的虎视眈眈，才让我们时刻保持清醒的头脑和较高的危机意识，使我们一刻都不敢放慢前进的脚步，否则就在会日益激烈的竞争中惨遭淘汰。很多企业、个人的进步往往就是得益于自己的竞争对手，如可口可乐公司与百事可乐公司、麦当劳与肯德基等。

投射效应：交友时不要"以己论人"

才高八斗的宋代大文豪苏东坡和佛印和尚是一对非常要好的朋友，两人经常一起吟诗作赋。

一天，苏东坡跟往常一样去拜访佛印，两人即兴作诗。苏东坡一时兴起便跟佛印开起了玩笑："我看你就是一堆狗屎。"佛印则微笑着回答说："我看你就是一尊金佛。"

苏东坡觉得自己占了便宜，十分开心。回家以后，他便得意地跟自己

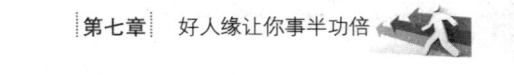

的妹妹提起了这件事。谁知,学富五车的苏小妹却皱着眉头说:"哥哥,你高兴得太早了,佛家讲究'佛心自现'。也就是说,你看别人是什么,就表示自己是什么呢。"

苏东坡恍然大悟,羞愧难当,赶紧找佛印和尚道歉。

苏小妹所说的"佛心自现"正是心理学上的投射效应。投射效应,讲的是"以己度人",也就是说,人们通常认为自己喜欢的事物,别人也会喜欢,而自己讨厌的事物,别人则会讨厌。投射效应很容易使人们把自己的感情、意志、特性强加到他人身上。

著名的心理学家罗斯曾做过一个实验,他在一所高校中随机找到80名大学生,问他们是否愿意背着一块大牌子在校园里走动。结果,其中有48名大学生表示愿意这么做,而且他们认为校园内大部分学生都应该会乐意这么做。而拒绝背牌子的学生则普遍认为,校园里的学生应该大部分都不愿意这么做,愿意背的人只是少数。

这就是著名的投射效应实验,可见,学生们很容易就将自己的想法强加到其他学生身上。

吃惯米饭的南方人往往不能理解北京人把馒头作为主食;喜欢民歌的人们则认为摇滚青年俗不可耐,根本不懂音乐;等等。人们在对他人的认知过程中,通常会主观地认为别人应该具有与自己相同或是相似的偏好、看法,尤其是当对方的年龄、性别、阅历等方面的因素跟自己相似时,人们在潜意识里更会习惯性地把对方当做自己的影子,此时,就更容易发生投射效应。此外,投射效应还有一个很大的弊端,那就是当自己遇到不称心的事时,习惯把问题、矛盾转移到别人身上,以求得心理上的平衡。

一位年轻漂亮的妈妈带着自己两岁的儿子逛商场,琳琅满目的商品让她目不暇接,拿在手里爱不释手。于是,她时不时地就会高兴地在儿子面前

147

晃动自己喜爱的商品。

一个小时过去了，妈妈仍没有离开的意思，儿子开始不耐烦起来，哭闹着要离开。这时，意犹未尽的妈妈便开始呵斥孩子不懂事，嚷道："这么多漂亮的东西，还不安静地待着，总是吵着离开干吗？"

孩子依然哭闹不休，妈妈终于不耐烦了。正准备抱孩子离去，却发现孩子的鞋带开了，于是俯下身去帮儿子系鞋带。这时她才惊奇地发现，从儿子的视角看出去，根本看不到任何商品，只能看见一条条不断晃动着的腿！

妈妈的做法，很显然就是一种投射效应，她认为自己喜欢的商品，孩子看到后也一定会喜欢。事实上，当她站在孩子的立场看事情时才发现，由于二人视线、角度的不同，看到的完全是不同的情景。

"横看成岭侧成峰，远近高低各不同。"每个人站在不同的立场、不同的角度思考问题，得出的结论一定会是有所区别的。此外，由于性别、年龄、性格、经历等因素的差异，不同人对同一客观事物的认识也会各有千秋。因此，主观地站在自己的立场去猜度别人的心思，是根本无法真正了解别人的内心世界的。

倘若一味地将自己的感情强加到他人或客观事物之上，认为自己喜欢的人或物都是美好的，而自己讨厌的人或物都是丑恶的，最终将会陷入主观臆断的泥潭而无法自拔。心地善良的人往往认为自己生活的世界非常美好，身边的人们也都是善良的；而敏感多疑的人则往往"以小人之心，度君子之腹"，认为别人跟自己交往时也总是不怀好意；而自我感觉良好的人则认为自己在别人眼中也一样会也很优秀等，这些都是投射效应的作用。

总之，投射效应带给大家的启示就是，在社交中千万不要以己度人，那样你就会对别人的行为做出错误的判断，最终导致交际的失败。

比林定律：学会说"不"是一种智慧

"一生中，多半的麻烦是由于太快说'是'，太慢说'不'造成的。"这就是美国著名的作家比林提出的比林定律。他告诫世人，必要的时候，一定要学会说"不"。不是所有的"是"都代表肯定，更不是所有的"不"都代表拒绝。对于自己无能为力或是不感兴趣的事情，说"不"是理智的选择，是对自己、对他人负责任的处事态度。

乔治问父亲："世界上最难说的词是什么？"

父亲说："在所有的语言里，我所见过的最难说的词是'不'！"

"啊哈，爸爸您在开什么玩笑！"乔治喊道，"不，不，不！这简直太容易了！"

"孩子，你很快就会明白，'不'真的是所有的语言里最难说的词！"父亲说道。

乔治不以为然地跑开了。

第二天，乔治跟往常一样去上学。离学校不远处有一个很深的池塘，一夜之间，整个水面结冰了，但还不是很厚。可是，乔治的伙伴们却认为可以下去滑冰了。于是，放学后伙伴们飞快地跑到了池塘边。这时，已有几个人在结冰的水面上了。

"来呀，乔治，"伙伴们大声喊道，"我们可以好好滑一圈了。"

乔治显然有些犹豫，因为他知道冰结得并不结实。

"放心吧，去年的这个季节，我们也一起滑过的，不会有问题的！"招呼乔治的男孩信誓旦旦地说道。

"只有胆小鬼才不敢来呢！"伙伴们起哄道。

乔治无法忍受伙伴们的嘲笑，"我才不是胆小鬼呢！"他大声说道，然后跑着冲上了冰面。

孩子们欢呼着，跳跃着，突然，有人大声喊："冰裂了，冰裂了！"接着，乔治跟另外两个小孩子掉进了裂开的冰窟窿里。

乔治醒来的时候，发现自己是躺在医院的急诊室里，父亲站在病床边，他的双眼布满血丝。看到乔治醒过来，他的眼睛里闪过一丝的惊喜后便严肃起来。"为什么不听我的话，我不是警告过你，那里很危险的吗？"父亲严厉地问道。

"我本来并不想那样做，是他们让我上去的。"乔治低声说。

"他们？难道有人强迫过你吗？"父亲接着问道。

"不，没有人强迫我，可是，我不能容忍他们说我是个胆小鬼。"乔治虚弱地答道。

"那你为什么不说'不'呢？你宁愿去冒险，也不肯对人说'不'。你不是一直认为说'不'很简单吗？为什么你没能做到？"父亲接着问道。

乔治闭上了眼睛，慢慢地说道："爸爸，我终于明白了你的话，'不'真的是世界上最难说出口的词！"

乔治的故事，在日常生活中时有发生，不仅发生在孩子身上，成年人也是如此。成年人的虚荣心往往比孩子更加强烈。明明知道自己的身体状况不该喝酒，可又怕朋友说自己"妻管严"，于是硬着头皮答应朋友去喝酒，结果差点酿成大祸；明明知道自己囊中羞涩，却硬要答应朋友一起K歌，结果，下半月只能是咸菜就着馒头过；明明知道朋友的请求不好办，可是为了照顾哥们义气，心底里的"不"字到了嘴边鬼使神差地变成了"没问题"，结果弄巧成拙；等等。正如比林说的那样，多半的麻烦就是由于自己太快说"是"，太慢说"不"造成的。

波·皮巴迪是"三脚架"公司创始人。他很聪明，不是因为他制造出人类的第一架三脚架，而是他懂得说"不"的智慧。

皮巴迪曾经也是个率真的小伙子。在他决定申请威廉姆斯学院时，他的人生字典里第一次出现了"不"字。威廉姆斯学院的新生入学条件之苛刻，是全世界是出了名的。倘若有1000人向辅导员提出申请，那么只会有5人能正式提出申请。最终，只有1名幸运儿得以录用。换言之，皮巴迪进入此学院学习的概率几乎是微乎其微，因为他不但不是1000个最优秀的申请者之一，而且是个后进生。

但皮巴迪没有就此罢休，他想办法弄到了招生委员会副主任的电话，并知道了他的名字——科尼利厄斯·雷福特。

"你好，我叫波·皮巴迪，我不接受你们的拒绝。"皮巴迪在电话中对科尼利厄斯·雷福特说道。

接着，电话那头是长长的沉默。"对不起，你能再说一遍吗？""我想上威廉姆斯学院。恕我冒昧，我正式向你提出我不接受你们的拒绝，我会进入威廉姆斯学院。当然，可能是明年，也可能是后年，但总有这么一天。从现在起，我每年都会向威廉姆斯学院递交一份申请，直到你们接受为止。"

电话那头又是长长的沉默。接着，电话的那头平静地说道："说实话，我从未接到过这样的电话，你的做法我很感兴趣，接下来让我们看看能做些什么吧！"

不久后，皮巴迪顺利地进入了威廉姆斯学院。

不是所有的拒绝都可以收到皮巴迪这么好的效果，但是我们不可否认，学会说"不"是一种智慧、一门学问，及时而恰当的拒绝不但可以解脱自己，又可以给对方台阶。从现在开始，锻炼自己，不再是让"是"字脱口而出，哪怕是几秒钟的思考，然后理性地判断自己到底是该说"是"，还是"不"。倘若你的理性告诉你是后者，你不妨鼓起勇气把"不"字说出来。

这样，你不但可以躲开"乔治"式危险，还可以省去很多不必要的麻烦。这样一来你就会慢慢发现，以前很多不必要的麻烦跟自己说拜拜了！

人际关系定律：先倾听，后诉说

　　心理学上有一种人际吸引的说法，是指人主动与他人交往时，不仅满足了自己的心理需求，同时也满足了别人的心理需求。人际吸引是在与人交往的过程中所形成的一种特殊的态度，是每个人对他人给予积极、正面评价的倾向，简言之就是交往的过程中，人们之间的相互吸引。

　　当然，不是说所有交往的人们之间都可以产生这种心理上的相互吸引，有些人初次见面，就会让人心生厌恶之感。因此，要想提高个人在人际交往中的吸引力，调节不融洽的人际关系，是有法可循的。

　　韦恩跟罗宾是非常要好的朋友，罗宾十分佩服韦恩的交际能力，他觉得无论走到哪里，韦恩都总是那么受人欢迎。

　　一次，韦恩跟罗宾应邀一起参加一个小型社交活动。期间，罗宾发现韦恩和一个漂亮的女孩正坐在角落里谈得很开心。出于好奇，罗宾站在远处静静地观察。

　　第二天，罗宾见到韦恩的第一句话就是："昨晚上我看到你跟那位迷人的女孩聊得很开心，也很投入。可不可以告诉我你们到底在聊些什么？你又用了什么'法术'吸引她呢？"

　　"法术？啊哈，我的朋友，我哪里懂什么法术，我只不过称赞她皮肤晒得真漂亮，问她是否去过普罗旺斯或者夏威夷而已。她开心地回答说是夏威夷。接下来的两个小时，她都在谈论自己和夏威夷。"

第七章　好人缘让你事半功倍

交际中，学会倾听比诉说更重要！

"啊？就这么简单吗？"罗宾惊讶地问道。

"对，就这么简单。"韦恩肯定地说道。"离开的时候，我们彼此留了电话号码。今天一大早她就打电话给我，说她很喜欢和我在一起，希望有机会再见到我。事实上，你也知道，两个小时的时间里，我只是微笑着聆听，不曾打断她的话。"韦恩继续说道。

这就是韦恩受人欢迎的"法术"——聆听！

俗话说："酒逢知己千杯少，话不投机半句多。"话不投机的主要原因是彼此间不够了解。因此，在对对方的兴趣、爱好、职业、学历、身世一概不知的情况下，亲近对方最好的方法就是做个忠诚的聆听者。一个人的语言是一个人性格的明信片，通过它你会捕捉到有关一个人多方面的信息。对对方做出一番了解后，你再开口，冒失的概率就会大大降低，这对于你的交际来讲，是一个非常良好的开端。

张晨是个性格开朗的姑娘，看上去大大咧咧，总是未见其人先闻其声，给人的感觉真的是一天到晚不知愁滋味。她与人交往时，无论是自己熟悉的还是不熟悉的，不出一分钟，她就能像老朋友似地开始跟人家天南海北地侃起来。用她朋友的话说，在她那里死的能说成活的，活的能说成死的。

张晨说话有一个很不好的习惯——从不等别人把话说完。小敏是她的新朋友，第一次见面时，她不由分说地就拉着人家的手说个没完没了。一旁的娜娜一直在向张晨使眼色暗示她不要再说下去，而她却不以为然地说道："有什么呀，大家都是好姐妹，有什么不能说的？对吧，妹妹？"

小敏本就是内向羞涩的女孩，尤其在陌生人面前，她更是不善言谈。自己的手就这样被张晨硬拉着不放，她感到自己就像在接受审判的罪犯，几次试着开口，却都被张晨挡驾了。最后，她实在忍无可忍，借上卫生间的理由逃之夭夭了。

"你瞎说什么呀，人家刚刚跟男朋友分手，你不分青红皂白地在那瞎白话一通。"娜娜很生气地冲着张晨说道。"啊？你怎么不早说？""你给我机会说了吗？"

娜娜扭头走了，从那以后，张晨再也没有见过娜娜和小敏。

其实，从人格、道德的角度出发，张晨并不是个坏女孩，她对待朋友慷慨大方，可她那张"破嘴"却使朋友们像避瘟疫一样躲避她。俗话说："言多必失。"不是所有的好话都能让人入耳，不合时宜的"好话"同样会让人难堪。因此，在开口之前你最好还是先学会倾听。

人际关系定律是一种很复杂的社会心理现象，除受到人际吸引的临近性、一致性、对等性、互补性等方面的影响外，每个人在具体的交往活动中所得到的感性认识也是不一样的。但是，不管怎样，先聆听，后诉说都是你提高人际交往能力的好方法。

第八章

点破情场中的迷津

婚恋——一个多么熟悉的词,但是很多人熟悉的仅仅是它的字面意思,而非它的真谛。要知道一个人生活的是否幸福,很大程度上取决于他的婚恋生活。聪明的人,总是在婚恋生活里从容不迫,但是,也有很多人却是在婚姻的生活里无所适从。究其原因,不过是苦恼自己如何才能走进对方的心灵。本章婚恋心理学就将为你指点情场中的迷津!

亲和动机：人人都渴望温情

出门在外的人一定有过这样的经历，与人初次见面时，彼此间开门见山问的第一句话就是"老家在哪？"倘若巧遇故乡人，即便素不相识，也会备感亲切，从心理上就会感觉彼此间的距离更近了一点，彼此的交往也就会更加融洽。这种现象就是心理学上的亲和动机，也被称做亲和效应。

亲和动机指人们往往会由彼此存在着某种共同、共通或相似之处，而感到更容易接近。接近后，彼此间又因此产生亲切感。这些共同之处，可以是血缘或地域上的，也可以是志向、兴趣、爱好、利益上的。我们往往更喜欢与那些和自己有着相同志向、爱好、兴趣的人做朋友。这一心理现象提醒我们，与人交往的过程中要积极创造条件，努力寻找彼此间的共同点，从而拉近彼此间的距离。

家庭是社会中一个非常特殊的群体，在这个群体中，温情尤为重要。一个毫无温情可言的家庭，犹如死海一隅，毫无生机、喜悦可言。想让自己徜徉在爱的海洋，就必须努力打造充满温情的家庭，否则你就失去了幸福的源泉。

王强和晓梅是大学同学，四年的恋爱中，他们吵吵闹闹，分分合合。大学毕业后，他们一起到北京追求共同的梦想。在这座国际化的大都市里，他们相依为命，一起找最廉价的房子，一起挤公车，一起跑人才市场。周末的时候，王强则带着晓梅绕遍大半个北京城去淘价格几乎是北京最便宜，但款式还算时髦的衣服。

毕业两年后,他们终于在这座城市里有了自己的一席之地,尽管房子还是租来的,可是他们各自有了稳定的收入。

后来他们结婚了,有了自己的家。但对于晓梅来说,婚礼有些仓促,是趁王强没有出差的一个周末请大家吃了一顿饭就算完事。晓梅对此颇有怨言,王强则笑着安慰道:"媳妇儿,我们这都老夫老妻了,结婚也就一个形式,你老公我这不忙着赚钱让你过好日子嘛。"

结婚后,王强更忙了,经常是一出差半个月不回来,晓梅独守空房。开始的时候,晓梅几乎是数着日子盼着王强早点出差回来。后来,她渐渐习惯了王强经常出差的生活。再后来,她感到自己很寂寞、很空虚,日子很寂寥。为了打发时间,她周末的时候出去跟朋友一起爬山、郊游,还学会了喝酒。可这一切,王强都无暇顾及。他在忙着赚钱,希望让晓梅早日住上真正属于自己的房子。

晓梅也曾经抱怨日子过得太寂寞,可对此,王强每次都是老一套的说辞。后来,晓梅再也不愿意一个人回到那个冰冷的家。有一天,王强出差回来,抬头望到自家漆黑的窗户,他的心理不免一震:"这么晚了,晓梅是不在家,还是已经睡下了?"结果,敲门无人应答。

王强进屋后,一屁股坐在沙发上,脑子里猜想种种。正在他走神的时候,他听到了楼下的汽车鸣笛声。王强快步走到窗台,他不敢相信自己的眼睛,没错,正是晓梅,跟一个男人正耳鬓厮磨着。

王强想立刻冲到楼下给那个男人两个耳光,可他的脚却动弹不得,他趔趄地挣扎回沙发上,感觉自己的身体犹如一袋沉沉的米一样,瘫倒在沙发上。

事后,王强以为晓梅会为此愧疚不已,晓梅却冷静到让他脊背发凉。晓梅收拾完衣物后说:"我们离婚吧!"晓梅对自己坚决要结束这段婚姻的理由是,有温情的屋子叫家,而没有温情的屋子就只是用来睡觉的地方。她和

157

王强的那间屋子，给不了她任何的温情。

每个人的需求都是多方面的，女人尤其需要温情。毫无温情的环境，犹如一望无垠的沙漠，让人绝望。爱的意义就在于能够带给彼此温情。一旦温情不在，爱就成为空头的承诺。

心理学家更是提醒我们，每个人都有亲和动机，每个人都渴望温情。而当一个人身临险境，感受到强烈的不安和恐怖时，他的"亲和需求"就会更加强烈。这个时候，唯一能够给他带来慰藉的就是温情。

契可尼效应：初恋为何总令人难忘怀

西方心理学家契可尼发现，一般人对已完成了的、已有结果的事情极易忘怀，而对那些中断了的、未完成的事情却总是无法忘怀。这种现象在心理学上被称为"契可尼效应"。

生活中到处是"契可尼效应"的例证。比如学生时代你一定有这样的经历，如果一次数学考试中总共有 20 道题，但其中 19 道题你都完成得很好，唯独一道题直到下课铃响的时候仍旧没有解算出来。考试结束后你跟同学对答案，发现那 19 道题都是对的。因此对于那道未完成的数学题，你会一直记忆犹新，而那 19 道已经被你解答出来的题却早就被你忘到九霄云外了。

同样的道理，初恋是美好的，也是酸涩的，很多人的初恋都是有始无终的。因此，初恋就成了那道未能解答出来的算术题，让人们久久无法释怀。

| 第八章 | 点破情场中的迷津

何芸最近心情很不好,因为她发现自己的老公李斌竟然跟十几年前的初恋女友联系上了,而且二人的关系迅速升温。尽管他们两个人一南一北完全生活在不同的城市,可是,何芸的心里仍旧是七上八下的。她忘不了老公接到初恋女友电话时眼里流露出来的惊喜。尤其是当初恋女友说她这几年在南方过得很不如意时,老公看起来很难过。

老公的这种反应,让何芸很不自在,她实在不明白自己跟他在一起生活好几年了,可仍旧比不上老公懵懂时代的初恋女友,况且他们也只不过是在初中的时候,背着自己的父母偷偷地交往了半年而已。后来,女方转学后,他们的关系也就不了了之了。

何芸跟李斌谈恋爱的时候,李斌无意间谈到自己的初恋女友,何芸发过几次脾气后,李斌就闭口不谈了。

可是现在,那个似乎已经彻底冰封在记忆里的人,一时间在现实中又重现了。李斌也似乎一下子回到了初恋时光,他时而发呆,时而忧伤,时而傻笑。

何芸为此已经跟他吵过好几次了，每次他都说那只是一段回忆，自己各自有各自的生活，是何芸太多疑了。可是，何芸却觉得自己无论如何努力都取代不了初恋女友在老公心目中的地位。

何芸显然不懂得心理学上的"契可尼效应"，李斌之所以对自己的初恋女友念念不忘，是因为那是一段没有结局的恋情，正因为没有结局，才给他留下了遗憾，这种缺失的美，让他念念不忘。人们不是也经常说"没有得到的永远都是最好的"吗，得不到的成了那道没有解答出来的题，而这道题通常都会终生没有答案。这也正是初恋让人们终生难以忘怀的原因。

没有人可以轻易将记忆抹去，不去触碰和提及并不代表着忘却，更何况初恋是千百年来被歌颂为最为美好的时光。加之人们心理上的"契可尼效应"，初恋的不容易被忘怀也就变得更加好理解了。

因此，当你发现自己的另一半对自己的初恋总是念念不忘时，不要总是满腹牢骚，要清醒地认识到这种心理每个人都有，是一种普遍存在的心理现象。在人的记忆里，更不可能说谁替代谁。你是你，她是她，倘若你一直想着把她替代，那毫不客气地说，你的努力用错了方向。因此，为了自己的婚姻生活更加幸福美满，好好地把握现在才是你获取幸福的捷径！

晕环效应：情人眼里为何出西施

心理学上有一种晕环效应，又叫光环效应、成见效应，指的是在人际关系中形成的一种夸大了的社会印象和盲目的心理倾向。受到晕环效应影响的人们，往往把别人的形象看得过于完美，这就好比佛像背后始终闪闪发光的光环，让人为之倾倒。美国心理学家 H. 凯利等人在印象形成实验中证实了这种心理效应是真实存在着的。

H. 凯利把 55 名学生分为两组，分别向两组学生介绍一位新任的教师 A 氏。介绍的内容有两部分，一部分是 A 氏的基本情况：26 岁，已婚，是社会学专业研究生，曾经任心理学教师 3 年，还当过兵。在此部分，心理学家主要想告诉学生的是，A 氏是一个既好学又有教学经验和判断能力的人，这个情况，他给两个组的学生介绍得都是一样。

另一部分关于教师 A 氏的情况，他在跟两组学生介绍时则完全不同。他对第一组介绍说，A 氏为人非常热情，课堂气氛活跃，上他的课，大家会感到很轻松、愉快；对第二组则介绍说，A 氏为人非常冷漠，性情古怪，对自己的学生要求极其严格。

介绍完后，他令 A 氏与两组学生分别进行了 20 分钟的课堂讨论，且在讨论的过程中，他的方式、风格是一样的。讨论结束后，实验者让学生陈述对 A 氏的印象。

实验结果发现，两组学生对 A 氏的印象大相径庭。第一组学生认为，A 氏富有同情心，而且会体贴人，富有幽默感，有一定的社交能力；第二组学生则认为，A 氏非常严厉、专横，待人很不友好，不善社交。

此外，心理学家还惊奇地发现，两个组的学生发言情况也很不一样。第一组学生的发言率高达56%，另一个组则仅有32%。这种现象表明，A氏给两组学生完全不同的印象。积极的学生由于受到他的感染而变得比较积极；而认为他消极的学生，由于受到他的影响而变得比较消极。但事实上，A氏对两组学生的态度并没有不同，不同的是学生们的心态。

很显然，两种截然不同的实验结果就是晕环效应造成的。

玛丽莲·梦露是美国20世纪最为著名的电影女演员之一，她是聚光灯下的性感女王。她动人的表演风格和正值盛年的陨落，更是为她保留了在影迷心中永远的性感女神形象，成为美国那个年代的代表性人物。

玛丽莲·梦露的死，正如一颗璀璨的流星的陨落，让无数人为之心痛、惋惜。梦露走了，她生前用过的衣物则成为人们思念的寄托。据说，有一位收藏家有幸收藏了一只梦露生前曾经穿过的鞋子，他把这只鞋子拿出来展示，参观者只要出100美元的高价就可以闻一下这只鞋子。结果，愿意高价钱去闻鞋子的人络绎不绝，人们甚至愿意花一上午或者更长的时间排长队，为的就是能够亲自俯身去闻一闻自己偶像生前留下来的那只鞋子。

梦露的那只鞋子难道真的有那么大的魅力吗？其实不然，或许在纽约的商场里，你不用费太大的力气就能找到比那更好的鞋子，但人们为什么愿意出高价、排长队去闻那只鞋子呢？说到底，还是人们心理上的晕环效应在作怪。

玛丽莲·梦露的鞋子之所以如此具有魅力，正是因为它的主人赋予了它"光环"。鞋子本身的价值，是人们赋予它的，倘若那只鞋子只是被一个普通的女士买去，只能是在主人不喜欢的时候被丢进垃圾桶。但它被梦露买去，命运就发生了翻天覆地的变化，人们把它当做稀世珍宝收藏。

一只鞋子，由于主人的不同，它的命运就会有天壤之别。人也一样，欣赏你的人，你的缺点在他那里都会变成可爱，不欣赏你的人，你的优点

第八章 点破情场中的迷津

在他那里就会变成矫揉造作。这就是所谓的"情人眼里出西施",可这句话更是恰如其分地验证了心理学上的晕环效应。

婷婷从小就是个人见人爱的可爱小姑娘,十几岁的时候已经出落得如花似玉。学生时代,她是男生心目中的大众情人。父母更是将她视为掌上明珠,在他们的心目中,只有王子才能配得上自己的小公主。

婷婷第一次把男朋友郑亮领回家的时候,父母惊讶得半天没有合上嘴。郑亮确实长得貌不惊人,二十几岁身材已经有发胖的趋势,身高也很不理想,胖嘟嘟的脸上架着厚厚的眼镜片。

可是父母看得出来,女儿对这个其貌不扬的小伙子非常喜欢,两个人在一起眉开眼笑。说到他的好处的时候,婷婷马上手舞足蹈地说出一连串来,出众的才华、超人的能力、坦率的个性、重义气、对自己真心之类,等等。总而言之,在她眼里,他是一个无可挑剔的好男友。

父母听罢,只好摇头叹息一声:"真是情人眼里出西施呀!"再也没有了下文。

像婷婷这种"情人眼里出西施",说到底也是人们心理上的"晕环效应"。在婷婷看来,男友身上的光环早已让那些缺点消失得无影无踪了。

恋爱的过程中,我们一旦了解了对方的某些方面的优点,往往就会认为对方的其他方面也一定很不错,从而对这个人的整体印象就会非常良好。倘若最先了解到的是有关这个人的一些缺点,情况就会恰恰相反。

因此,一定要认识到晕环效应是客观存在的,而且它对人们心理的影响是多方面的,有其积极的一面,也有消极的一面。它会在很短的时间内放大一个人的优点或缺点,但是每个人既然有优点,就会有缺点,晕环效应往往会让我们被一时的现象所迷惑,无法对一个人做出较为全面、客观的评价。

秘密效应：保留你和他的隐私

倘若有人问你，你有秘密吗？你的回答或许会是"我有"。每个人都有属于自己的私密空间，为承载自己的秘密留下的一块空地，这是每个人心灵中的禁区，任何人不得侵犯。这块最为私密的空间，往往深藏在人们心灵的最深处，一旦受到侵害，就会触及一个人的底线。从心理学的角度来讲，这就是秘密效应。

夏琳的老公在一家IT公司做领导，既然是领导，就免不了有应酬。可是夏琳对自己老公看得似乎有些紧，她要求老公每天白天要给自己打四个电话，告诉自己他正在做什么。

令夏琳的老公感到最为尴尬的事就是，每次陪客户吃饭，他的手机总是时不时就会响起，老婆在电话里重复着同样的问题"什么时候回来？在哪呢？都跟谁呀？"每次他都是耐着性子回答。

时间长了，夏琳的老公开始反感她的这种做法。一次，他正陪一个非常重要的客户吃饭，而且当时还有老板在场，为了防范夏琳这个时段打电话进来，他关机了。这下可好，等他回家后，夏琳二话不说，劈头盖脸地就是一顿骂，甚至连"你干了什么见不得人的事不想让我知道"的话都说出口。

老公忍无可忍，很气愤地丢下一句"是不是我的吃喝拉撒睡都要跟你汇报呀"便摔门而去。夏琳觉得自己非常委屈，她认为自己这么做完全是关心老公，没想到自己的好心却没有好报。

现实生活中，像夏琳这样的女性还不在少数。或许是因为现时的社会风气无法带给她们安全感的缘故，她们总是希望把自己的老公牢牢地握在自己的手心里，掌握他们的行踪，对他们的一举一动都了如指掌。

可是，每个人不但是家庭的，还是社会的，即便是法律上的合法夫妻，对方也不可能完全成为自己的私有财产，他还有自己的工作范围、交际范围，倘若你干涉得太多，无疑就会侵入到他的禁区。

这就好比人们吃饭，只有给自己的胃留有空间，吃八分饱才是最舒适的状态。倘若把自己的胃塞得满满的，过度的饱胀感会让人很不舒适。其实，婚姻生活有时候就像吃饭这么简单，只有给彼此留有空间，才会让彼此都感到舒适。

或许，在每个人的内心深处，都有一处隐秘角落，都有属于自己的秘密。有秘密是每个人的权力，我们又何必总是对别人的秘密好奇呢？

自我选择效应：婚姻如戏，每个人都是导演

心理学上有一个非常著名的自我选择效应，它讲的是，什么样的选择决定什么样的生活，今天的生活是由三年前的选择决定的，而今天的抉择也同样将会决定三年后的生活。选择效应对人生的影响是非常巨大的，因为人的选择是有惯性的，一个人一旦选择了某一种人生道路，就会沿着这条道路很惯性地走下去，而且在此过程中还会不断地强化自身对这条道路的适应能力。

选择是人生处处需要面对的关口，我们的人生需要我们不断地做出选择，所以选择的结果直接影响着我们的生活质量。有句话说："决定我们是谁的不是我们的能力，而是我们的选择。"只有懂得选择艺术的人，才能让

自己的生活更精彩，拥有海阔天空的人生境界。

　　一个美国人，一个法国人，还有一个犹太人，他们三个人即将被关进同一所监狱三年，监狱长答应会满足他们每人一个要求。美国人爱抽雪茄，于是他从狱长那里得到了满满的三箱雪茄；法国人最浪漫，希望自己能与一个美丽女子相伴；而犹太人则得到了一部与外界沟通的电话。

　　三年服刑期满后，第一个从监狱里冲出来的是美国人，人们看到他的嘴里塞着雪茄，大喊："给我火，给我火！"原来他当初只记得要雪茄，却忘了要火。

　　接着出来的是法国人，他已经有了孩子。

　　最后走出来的是犹太人，他紧紧握住监狱长的手说："这三年的时间里，有了你送给我的电话，我每天都得以与外界保持联系，我的生意不但没有因此耽搁，收益反而增长了200%。所以，我决定送你一辆劳斯莱斯来表示我的谢意！"

第八章　点破情场中的迷津

三年前的选择，直接决定了今天的生活，而今天的抉择又将决定着三年后的生活。每个人有自己不同的追求目标，因此，每个人的选择也会不尽相同。但无论你的选择是什么，都要毫不例外地对自己的选择所产生的结果负责任。

事实上，美国人的选择并没有错，只是他在当初选择的时候忽略了一个重要的因素，那就是雪茄没有火就变成了毫无意义的垃圾。儿女满堂的法国人，三年前作出选择的时候就应该料到这样的结局。倘若他能够很好地享受天伦之乐，那就说明他的选择没有错。倘若他必须为了一群孩子的生活而奔波，觉得那是莫大的负担并痛苦不已，那就说明他的选择欠妥。犹太人的选择应该说是最明智的，但他的明智并不是因为他三年前选择了电话，而是因为三年后的事实验证了他的选择符合他的需求，他在做出选择的时候，就很清楚地知道自己到底想要什么。

王慧现任某大学教师，膝下只有一个女儿，而且女儿就要大学毕业了。在别人的眼里，她过着非常幸福的生活，可王慧自己却不这么认为，她经常满腹牢骚，于是看起来也比实际年龄老了好几岁。在她看来，她的"不幸"是由她那个不争气的丈夫造成的。

王慧曾以优异的成绩考入了省里的本科师范院校，毕业后，她回到自己的家乡，到当地的一所高等院校做了教师。王慧算是同龄人中的佼佼者。

条件好了，眼光自然也就高了。王慧挑对象时，那可谓是千挑万选。那时的大学校园里，女教师非常少，因此王慧并不乏追求者。可是王慧的心气很高，追求他的男教师无论条件多么好，她都不屑一顾，而一心梦想着做个官太太。

她的父母按照她的条件，给她介绍一个在政府部门工作的男朋友。可是，见过几次后，就没有下文了。

女人的年龄是经不起等待的，转眼间王慧的年龄"过坡"了，那时还没有剩女这一说，于是王慧和她的家人着急了。最后经人撮合，她嫁给了学校烧锅炉的老李。

几年后，学校的锅炉房被人承包了，老李下岗了。这样一来，王慧更是抱怨不已，时常哀叹自己命不好！

如今王慧时常哀叹的苦命，不正是由于她自己当初的选择造成的吗？每个人在做出选择的时候，都应该清醒地认识到自己的选择会带来什么样的后果，而不是等到选择化作既定事实的那一刻才开始埋怨、后悔。因此在我们做出选择的时候，应尽可能地接触最新、最全面的信息，并通过分析了解其发展趋势，再做出理智的选择，从而为自己创造更好的将来。

沙漏定律：别把你的爱人抓得太紧

洋洋和男朋友在一起已经 4 年了，她男朋友在一家外企公司任销售主管，工作压力很大，免不了三天两头有应酬。而洋洋为了避免男朋友和公司的男同事一起出去厮混，规定男朋友每晚 9 点之前必须回家，否则洋洋就会哭闹着说男朋友变心了，男朋友只好妥协。

上周男朋友由于应酬一时无法脱身而晚回去了半个小时，结果洋洋不依不饶地闹了好几天。对这件事，洋洋有自己的看法，她觉得男人就得管，不然结婚了就更管不了了。

男朋友晚回家之事还没有平息，洋洋又听到一些风声，说自己的男朋友跟他的秘书"有一腿"。这样一来，洋洋更加疑神疑鬼了。每天只要听到男朋友开门的声音，她就开始吵闹。

后来，男朋友只要出去应酬，洋洋就要求他提前跟她打招呼，还要跟

第八章 点破情场中的迷津

她说清楚在哪家酒店,那间包间。有一个周末,洋洋根据男朋友给的酒店地址打车跟了过去,结果发现男朋友确实在那家酒店陪客户吃饭。可是,当她看到男朋友身边的女秘书时,她不痛快起来,上前去对她冷嘲热讽了半天离开了。而那位女秘书并没有多言,只是莞尔一笑就走开了。

这件事让洋洋的男朋友感觉自己的颜面扫地,冲着洋洋说了一句"你闹够了没有",然后连拉带扯地把她带出了房间。

洋洋感觉自己受了奇耻大辱,回到家里哭得死去活来。令她万万没有想到的是,男朋友回家后看到她肿得像两颗鸡蛋的眼睛,非但没有哄她,反而开始收拾东西,然后头也不回地走了!

其实,洋洋的男朋友对她的爱从未改变过,他更没有背叛她,只是她的做法让他感觉喘不过气来,他最终只能选择逃离。

把一把沙子抓在手里,你会发现握得越紧,沙子流失得越快。爱情犹如手掌心里的沙子,攥得越紧越容易流失。因此,任何时候都要学会给对方空间,否则爱情就成了指缝里的沙子,很容易就会流走。

169

陈友亮大学毕业后不久就在当地的电力局当上了办公室主任。他在单位是出了名的"妻管严",他有今天,完全得力于老丈人的提携,老丈人退休前一直是电力局的副局长。他想,女凭父贵,既然人家有恩于自己,而且把自己的宝贝女儿下嫁给他,受点气又算得了什么呢?

陈友亮的老婆也在电力局上班,他每月的工资都是老婆代领,用他自己的话说:"兜里永远都比自己的脸干净。"家里的所有事也全由他一个人包揽,洗衣、烧饭、拖地、买菜等。陈友亮有时自己打趣道:"我就差不会生孩子了。"

即使这样,他也并没有博得老婆的欢心。老婆只要稍不顺心,就会拿他开炮,在他老婆那里,他的老公的头衔也不过是徒有虚名,他更像墙上飞镖盘的靶心,老婆随时都可以拿着镖掷上去。而让他最受不了的就是,老婆在单位经常当着同事、下属的面肆无忌惮地呵斥自己,动辄就拿着她的爸爸压他。他也不止一次地劝老婆有事回家说,可老婆根本听不进去。

事实上,陈友亮是个堂堂正正的七尺男儿,并不是一介懦夫,否则身为局长的老丈人也不可能一眼就看上他做自己的姑爷。而他必须忍耐,因为自己的岳父有恩于自己,他曾经许诺要好好地照顾他的女儿一生一世。他是男人,不能出尔反尔。

可是,人是感性的动物,这样的婚姻生活,让陈友亮感受不到任何家的温情。结婚5年了,老婆从没有给自己洗过一件衣服,做过一顿饭,就连夫妻生活,他都要看老婆的脸色行事。每当想到这些,他的心理总是五味杂陈,说不出的酸楚。

家庭生活虽然不幸福,但老天对他还算公平,他没有辜负老丈人的期望,凭着自己的精明、能干,加上几年的历练,已经蜕变成官场中的高手,处理起事情来游刃有余。老丈人退休没多久,他就被提拔了副局长。那年,他只有34岁,男人生命中金子般的年龄。这样一来,老婆为了防止他出

第八章 点破情场中的迷津

轨，更是严加看管。

多年的忍耐似乎让陈友亮已经养成了习惯。可是老婆就像上瘾的烟鬼，不找事就好像浑身不自在，总是疑神疑鬼老公跟单位的年轻女孩有染。最近一次更是夸张，当着很多同事的面，她竟然把新调来的一个女孩当众骂哭，可人家也不过是好心地为领导冲了杯茶水。陈友亮忍无可忍，当场给了她一记耳光。

一巴掌下去，陈友亮和她都愣住了。陈友亮有口难辩，那个无辜的女孩被拖下了水。后来，用陈友亮自己的话说，他做了他这一辈子最为男人的一个选择，离婚。这些年，他太累了，他不知道自己这么累到底为了什么，即便是为了报答老丈人当初的恩情，他这些年给他的女儿当佣人也够了。

他不但离婚了，还辞去了副局长的职务，简单地收拾行装，带上那个女孩远走他乡。在那里，他和那个女孩经营了一家小小的超市，闲暇的时候，俩人便聊聊天，谈论一下今天或者明天的天气。

无论什么时候，你都要清楚自己到底想要什么，如果你想要的是那一捧贵比黄金的沙子，就一定要学会松开自己的手。就算是自己从市场买回来的宠物，都不可能完全遵照自己的意愿去行事，更何况有血、有肉、有感情的人呢？

男人不是权贵的附属品，他们强烈的自尊心一旦被激发，权贵就贬值成了粪土。男人有属于自己的天空，在那里他们是自由自在的风筝。聪明的女人总是把线牵在手里，任凭他们自由自在地飞，可是无论他们飞得多高、多远，最终落下的地方总在自己这里。只有愚昧的女人才会将风筝和线统统抓在手里。风筝不再飞翔，线又有何用呢？为了你的婚恋生活更加美好幸福，一定要搞清楚自己到底想要什么，当然更要懂得对方的需求，给对方足够的空间让其飞翔，只有这样，你才有可能与幸福结伴同行。

沟通法则：婚姻生活中最好的相处方式

有一对夫妇，丈夫十分喜欢吃鲜美的鱼肉，而妻子则十分喜欢吃鱼头和鱼尾。丈夫为了照顾自己的妻子，总是把最鲜美的鱼肉让给她，自己吃鱼头和鱼尾。

久而久之，妻子就以为自己的丈夫喜欢吃鱼头和鱼尾。于是，每次做好鱼，她总是把鱼头和鱼尾夹给自己的丈夫，而自己则吃并不喜欢的鱼肉。

几十年过去了，他们都老了。有一天，丈夫突然说："好想吃一顿鲜美的鱼肉啊！"妻子说："我好想吃一顿鱼头和鱼尾啊！"

听完，这对老夫妇相拥而泣。他们终于明白自己都把自己最喜欢的东西让给了对方，而这些东西却恰恰不是对方喜欢的。

中国有句古话："己所不欲，勿施于人！"而这对夫妻正因为深爱着对方，所以把自己最喜爱的东西给了对方。结果，到了垂垂老矣时才恍然大悟，即使"己所欲"也并非就一定能"施于人"。爱，不仅仅要懂得奉献与给予，更要懂得两颗心之间的沟通与交流。这对夫妇因为缺乏沟通，让自己的爱成为对方的负担。

沟通是人与人之间的桥梁，倘若没有沟通，无论彼此怎么深爱，都不可能趟过爱的河流。我们经常所说的误会，正是由于缺乏沟通而导致的，倘若人与人之间能够彼此坦诚并坦言，这个世界不仅少了很多遗憾、误会，还会省掉不少悲天悯人的悲剧。因此，沟通法则在心理学上被定义为婚姻生活中闪耀的灯塔，它时刻都在为"爱"导航。

第八章 点破情场中的迷津

萱萱和雷明尽管还没有结婚，但他们已经同居1年多了。1年多的时间里他们吵过架，闹过分手，其实，仔细想想，每次吵架都因为一些鸡毛蒜皮的小事，倘若两个人能及时沟通，吵架是完全可以避免的。可是，每当问题发生的时候，谁又能记得沟通呢？

"怎么今天又回来这么晚？你自己看看又9点多了。"萱萱还没等男朋友把门关上，就没好气地质疑道。

雷明忙着加班到现在连晚饭都没顾上吃，回到自己的小窝，不但没有女朋友的热饭菜，反而遭质问，于是没好气地说："没事！"

"没事？没事你回来这么晚？有什么见不得人的事不能说呀？"萱萱的声音更大了。

"无凭无据的，你瞎说什么呢？什么见不得人的事？就你天天胡思乱想，以小人之心，度君子之腹。"雷明开始发火。

"我是没有证据，可是我的直觉告诉我，你就没干什么好事，不然干什么隔三差五地就回来这么晚，还不告诉我干什么去了。"萱萱开始歇斯底里起来，她就是不明白到底雷明有什么事不能跟自己说，她坐在床上泪如泉涌。

雷明越来越觉得以前那个温柔、可爱的萱萱消失了，取而代之的是个俗不可耐的管家婆。他不明白自己的女朋友为什么就不能信任自己。

在我们看来，萱萱和雷明的吵闹是多么可笑，可是日常生活中，类似于这样的事却时有发生，说到底，还是彼此间无法及时地沟通造成的。其实，看得出来，他们两个人都需要沟通，但都又不懂得如何沟通。心理学家认为，批评、责备、抱怨、攻击等不良方式都是扼杀沟通的刽子手，这样的方式只能使事情更加恶化，导致矛盾上升。

婚姻生活需要两个人共同去经营，最重要的就是需要双方坦诚以对，互相尊重、信任。倘若双方一直生活在猜疑当中，矛盾就会接踵而来。我

173

们经常说"祸从口出",倘若你的心中充满猜疑,无论你怎么掩饰,你的言语还是会表露出来,而这些信息一旦被对方捕捉到,就会变作一种伤害。久而久之,感情就会出现裂痕。

因此,在没有搞清楚缘由的情况下,千万不要胡乱猜疑。找个合适的时间,适合的地点,双方都心平气和地把内心的感受说出来,你会发现,原来事情真的很简单。这样一来,压在心头的乌云随之就会散开,阳光重新洒进心里,生活就会重新明媚起来。

第九章

让管理走向智慧

里根说："一个懂得运用别人能力的人，无论他是谁，都可以当领导者。"可见，管理就是要求你有能力去引导别人，能够让别人顺从你的意愿并快乐地去工作。要想他人顺从自己的意愿去工作，就要走进他人的内心世界，把握他人的内心感受。这就要求你掌握和领悟必要的管理法则，让你的管理充满智慧，并有"法"可循！

鸟笼效应：管理要借势而为

　　心理学上的"鸟笼效应"解释的是人们非常普遍的一种心理现象，生活中有很多无谓的烦恼是我们难以摆脱的，就好比我们的心是一只空空的鸟笼子，可我们一而再、再而三地往里填东西，这些东西就是烦恼。它的发现者是近代杰出的心理学家詹姆斯。

　　心理学家詹姆斯和著名的物理学家卡尔森是一对非常要好的朋友，1907年，他们双双从哈佛大学退休。

　　有一天，詹姆斯很有把握地对卡尔森说："我敢打赌，不久后你就会养上一只小鸟！"卡尔森不以为然地说道："我不信！因为我从来对养鸟不感兴趣。"

　　没过几天，卡尔森的生日到了，詹姆斯精心准备了一份礼物——一只精致的鸟笼。卡尔森看罢，笑着说："有了鸟笼，你就能胜券在握吗？我只当它是一件漂亮的工艺品。"

　　从那以后，只要有客人来访，看见卡尔森书桌旁那只空荡荡的鸟笼，无一例外地问道："教授，你养的鸟死了吗？"卡尔森只好一次次地解释："这只鸟笼是朋友送给我的生日礼物，但我从来没有养过鸟。"

　　然而，这种回答换来的却是客人困惑而有些不信任的目光。在他们看来，摆一只空空的鸟笼子在书桌上而从不养鸟，简直是奇怪极了。

　　再后来，卡尔森自己也开始厌烦这种解释，他只好买了一只鸟回来。就这样，詹姆斯的"预言"成真了。

　　一只空荡荡的鸟笼子放在书桌上，即使没有客人们来询问，自己也无法真正把它当做艺术品来欣赏。况且，买一只小鸟回来，远比不断地向人们解释"我从未养过鸟"要简单得多。

"鸟笼效应"放在企业管理里面，同样可以说明很多问题。通常情况下，企业管理应该"顺势而为"，什么样的企业，就应该配什么样的战略方针和管理手段，而不是放置太多的空鸟笼，然后再不停地往里填东西。

李军在一家企业管理咨询公司上班，最近一个客户告诉他，自己几年前接管这家企业，为了企业能够谋求更好的发展，他尽职尽责地日夜操劳。可是，令他扼腕痛惜的是，企业的效益在激烈的市场竞争中每况愈下，出现了连年亏损的局面，再不及时挽救，撑不了多久就会破产。

李军在为这家企业"诊断"时发现，这家企业的管理架构是这样的——总裁、执行总裁、常务副总裁。而李军调查后发现，"执行总裁"基本上是一个"空着的鸟笼"，只是由于企业的历史原因而一直保留着这个位置。

李军很快给出解决方案，建议这家企业进行大刀阔斧的管理体制改革，而改革的第一步是把"执行总裁"的职务撤掉。扔掉了执行总裁这只"空鸟笼"后，不但为企业节省了大量的开支，更重要的是起到了以儆效尤的作用，提高了职员的竞争意识，大家清楚地认识到，一旦自己成为没有用的"空鸟笼"，就会被毫不客气地拿掉，而不是像以前那样不停地往里面填东西。

精简整个组织结构，是李军给出的建议方案的核心，这样一来，那些类似的"空鸟笼"就被扔掉了。人们丢掉包袱，可以轻装前进；企业没有包袱，可以更快地发展。不久后，那家企业的效益开始好转。

了解了"鸟笼效应"的危害，在企业管理的过程中就要避免这种现象的发生。如果企业中到处都挂着"空鸟笼"，势必会成为企业发展的阻力。这个时候，最为明智的做法就是将这些毫无意义的"空鸟笼"丢弃。

当然，"鸟笼效应"作为人们的一种心理现象，运用得当同样可以激发人们的上进心。身为企业管理者，倘若懂得适时地在员工的心里挂上一只"空鸟笼"，为了这只鸟笼不至于招致非议和异样的眼光，员工们最终会选择在里面放上一只小鸟。

美国的通用电气公司曾经发生过一件这样的事情，有两位高级经理竞争某事业部的总经理职位，他们两个业绩突出，表现良好，是十分难得的管理人才。经过反复比较和权衡之后，其中的一位被提拔为总经理。但是，公司的管理者很清楚另一位的才能，为了为公司留住核心人才，他们特意为他新成立了一个部门，并邀请他担任该部门的总经理。最终，通过这种特殊的"以人定岗"的方式，公司的管理者为通用电气公司留住了核心人才。

通用电气公司的管理者"以人定岗"的做法，很显然就是对"鸟笼效应"的一种应用。企业管理中，理解人性的重要性，并懂得重新审视组织结构的必要性，以及定岗的科学性，正是"鸟笼效应"带来的启示。

南风法则：把温暖送给你的下属

法国作家拉封丹曾写过这样一则寓言：北风和南风比威力，看谁能把行人身上的大衣吹掉。北风首先吹来一阵冷风，一时间寒风阵阵、冰冷刺骨，结果行人的大衣不仅没有被吹掉，反而被行人裹得更紧了。然后南风徐徐吹动，瞬间阳光明媚、风和日丽。行人觉得暖意融融，于是解开了扣子，继而又脱掉了大衣。南风获得了胜利。

这就是著名的"南风法则"，也叫做温暖法则。这则寓言形象地说明了一个道理：温暖胜于严寒。运用到管理实践中，我们可以这样理解，管理者必须要尊重和关心下属，以下属为本，多点人情味，帮助下属解决日常生活中的实际困难，使下属真正感觉到领导者给予的温暖，从而去掉包袱，全心全意地投入到工作当中去。这也是南风法则的关键之处，充分地掌握和利用好这一原则，不仅可以让劳动者更加体面和有尊严地劳动，也可以让企业始终保持着旺盛的生命力。

20世纪30年代，日本因为受到金融危机的影响，经济萧条，绝大多数工厂被迫裁员，以求自保。社会失业现象严重，人们生活毫无保障。松下公司也因此受到了极大的打击，销售额锐减，商品积压如山，资金周转不灵。这时，管理层中有人提出要裁员。可是，因病在家休养的松下幸之助并没有采纳这个建议，而是毅然采取了与其他厂商完全不同的做法：实行半日制生产，工人一个都不裁，工资照常发放。与此同时，他要求全体员工利用剩余的半天时间去推销库存商品。松下幸之助的这一决定很快就得到了全体员工的一致拥护，大家都想尽办法推销产品。就这样，仅仅用了不到3个月的时间，所有积压的商品就被销售一空，松下公司顺利渡过难关。此后，在松下公司又有过几次像这样的危机，但是松下幸之助每次都能在困难中不忘员工的利益。作为回报，每一次面对危机时，全体员工也都奋力拼搏，为企业的利益着想。

松下公司以员工为企业之本的做法不仅赢得了员工们的心，也为松下公司培养了一支无坚不摧的团队。在"二战"结束后的很长一段时间里，松下公司的经营举步维艰。这时，松下幸之助还不幸的被列入了受打击的财阀名单。眼看松下公司就要垮掉，令人意想不到的局面出现了：松下公司的代理店以及工会联合起来，发起了解除松下公司入阀名单的请愿活动，几万人参加了这次活动。在当时，大多数被指定为财阀的企业都被工会接管和占领，而工会出面维护企业的情况还是头一回。面对示威的群众，当局只能重新考虑对松下的处理。次年5月，当局同意了解除对松下的入阀指定，松下就这样逃过了一场厄运。

正是因为松下幸之助始终贯彻以人为本、尊重、爱护职工的企业经营理念，才使得自己绝处逢生。

古人云：得人心者得天下。即使到了现在也同样，只有真正赢得了员工的心，员工才会为企业的利益全心全意地奋斗。这就要求管理者在平时工作中要多点人情味，少些铜臭味，培养员工对企业的忠诚度和认同感，只有这样才能让企业在竞争中无往而不胜。

安娜所在的公司这几年规模不断扩大，但是公司那一间很少用的会议室却始终没有用作办公室。安娜听说，前几天公司的几个高层开会，讨论的内容之一就是商量这间会议室的用途。最后老总拍板，即使到外面租房，也要把这间会议室留下来兼作休息室。这间会议室桌子上常有零食，水果，椅子上也常架着一些供员工午休的枕头。前阵子，老板甚至还同意要再添置两个长沙发，方便大家午休。

午休也是员工的一种权利，中午休息得好，下午工作起来效率才能更高，现在越来越多的公司开始看重这种人性化的举措。企业的发展，贵在人和，而要人和，就不能离开"暖意融融"的南风法则。事实早已证明，任何无坚不摧的团队，都有一套能让员工接受的管理方法。这种方法能让员工在工作的过程中真实地感受到爱与温暖。员工在这样的氛围中，即使工作有压力，也会有动力、有乐趣。因为这里有暖暖的南风吹过，有明媚的阳光呵护。

蜂舞法则：加强沟通才能改善管理

蜜蜂以"跳舞"为信号，这是它们的语言，它们通过自己独特的交流方式，可以把信息准确无误地传达给同伴。奥地利生物学家弗里茨反复研究，发现了蜜蜂"舞蹈"的秘密：它们的舞蹈主要有"圆舞""镰舞""8字形舞"三种形式。每当外出打探消息的工蜂回来后，倘若它跳"圆舞"，就是告诉同伴蜜源与蜂房相距不远；倘若工蜂跳"镰舞"，则是通知同伴蜜源离蜂房较远，路程越远，工蜂跳的圈数越多，频率也越快；倘若工蜂跳的是"8字形舞"，并摇摆其腹部，舞蹈的中轴线跟巢顶的夹角正好表示蜜源方向和太阳方向的夹角，跳舞时蜂头的朝向，也是在传达关于蜂源的信息。

蜜蜂的这一交流方式被运用到管理心理学中，就是著名的蜂舞法则。蜂舞法则重在提醒管理者，信息是主动性的源泉，只有加强沟通才能有效改善管理效果。著名的管理学家巴纳德认为，沟通是一个把组织的成员联系在一起，以实现共同目标的手段。而有关研究更是表明，管理工作中70%的错误都是由于各个阶层之间不善于沟通造成的。可见，在管理工作中，沟通是解决一切问题的主要方法。有时，它甚至可以决定人们的生死。

1990年1月25日19点40分，一架飞机飞行在南新泽西海岸11277.7米的上空，而此时飞机距离纽约肯尼迪机场还剩下半小时的飞行时间。应该说，飞机在肯尼迪机场安全着陆是万无一失的。然而，20点整，肯尼迪机场管理人员通知航班的机组人员，地面受严重的交通问题影响，他们必须在机场上空盘旋待命。

飞机盘旋了1个多小时后，机上的燃料已经快要耗尽，于是他们发出"燃料快用完了"的信号，但是由于与机场工作人员之间的交流误差，他们仍没有得到降落的批示。

21点24分，由于飞行高度太低以及能见度太差，飞机第一次试降失败。21点32分，飞机的两个引擎失灵，1分钟后，另外两个也停止了工作。飞机在耗尽燃料后于当晚21点34分坠毁于长岛，机上的73名乘客以及所有的机务人员全部罹难。

惨绝人寰的空难发生后，人们就导致这次空难的原因进行了盘查，令他们震惊的是，导致这场悲剧的原因是机务人员、机场工作人员以及交通管理员在进行沟通时出现了问题，致使信号无法及时地传达给机组人员。

直至飞机失事，航班的机组人员从未发出"情况紧急"的信号，这样一来，机场的管理员就无法掌握"天上"的真实情况。各种"沟通"障碍的组合，致使七十多条性命成为这场悲剧的牺牲品！

哀婉的丧钟声警戒世人，无法进行及时、有效的沟通是酿成悲剧的主要原因。为了避免悲剧的发生，必须学会沟通。

而在管理的过程中，管理者是有效沟通的直接执行者。英国管理学家威尔德曾经说过："管理者应该具有多种能力，但最基本的能力是有效沟通。"一位有经验、高效、优秀的沟通者懂得发挥领导力和影响力的主要途径就是沟通和互动。

美国钢铁和国民蒸馏器公司的子公司坐落在美国俄亥俄州的奈尔斯，多年来，公司内部员工的工作效率十分低下，这一状况直至大吉姆·丹尼尔担任总经理后才得到有效的改善。

大吉姆接管公司后，并没有使用什么特殊的管理办法，只是在公司里到处都贴上了一条标语："如果你看到一个人没有笑容，请把你的笑容分给他。"标语的下面都无一例外地签着"大吉姆"的名字。

除此之外，每位员工都开始佩戴一枚"洋溢着灿烂笑容的"笑脸徽章。"笑脸"充斥着公司的每一个角落，无论是办公用品，还是公司的大门上，或是员工的安全帽上都有这张"笑脸"。这就是美国人所称的"俄亥俄州的笑容"，它曾经被《华尔街日报》形象地称之为"纯威士忌酒""柔情的口号""感情的交流"和"充满微笑的混合物"。

从此，公司里到处都是笑脸，大吉姆自己也总是满面春风。他记得住全公司两千多名员工的名字并能一一叫出来；他主动邀请工会主席参加会议，让他们对公司的下一步计划了如指掌；他还会跟员工们亲切地交谈，征求他们的意见。

3年后，公司发生了翻天覆地的变化，在没有增加1分钱投资的情况下，生产率惊人地提高了近8%。

在大吉姆的公司里，无论是一张笑脸、一张标语，还是准确无误地喊出员工的名字、征询员工意见、让工会主席参加会议，都是有效沟通的手段，并产生了良好的效果。因此，公司的效益得到了大大改善。

有团队、有管理，就必然需要沟通，沟通是减少摩擦、消除误会、化解矛盾、避免冲突的有效手段。只有保持良好的沟通，才能发挥团队和管理的最佳作用。

沟通，不仅仅是一种管理方法，更是一种做人的态度。一个很善于沟通的人，无论是在处理人际关系方面，还是完成既定的工作目标，都会更加游刃有余。而一个不善于沟通的人，则在交际、工作的过程中会遇到很多意想不到的麻烦。因此，现代管理者一定要积极、主动地与人进行沟通，无论是下属还是客户，甚至萍水相逢的陌生人，只要你愿意主动打破沉默或是僵局，都会有意想不到的惊喜等着你。

破窗理论：及时补好第一块"破窗"

美国斯坦福大学心理学家菲利普·辛巴杜曾在1969年做了一项实验。他找来两辆一模一样的汽车，把其中的一辆停在了环境较好的中产阶级社区，而另一辆停在相对杂乱的纽约周边地区。他把停在纽约周边地区的那辆车的车牌摘掉，把顶棚掀开，结果这辆车当天就被偷走了。而放在中产阶级社区的那一辆，一个星期也没人碰过。后来，辛巴杜用铁锤把那辆车的玻璃敲了个大洞。结果呢，不过几个小时，它就不见了。

此后，在这项实验的基础上，政治学家威尔逊和犯罪学家凯琳又共同提出了破窗效应理论。该理论认为：环境具有极强的诱导性和暗示性，即使其影响看上去微不足道，如果没有及时制止的话，坏影响就会滋生、蔓延。就像是如果有人打坏了窗户，而又不及时维修的话，那么就会有人去打烂更多的窗户。久而久之，这些破窗户就给人一种无序、混乱的感觉。而在这种氛围中，犯罪就会不断滋生。

纽约的地铁被全世界认为是"可以为所欲为、无法无天"的场所。直到有一天，纽约市交通警察局局长布拉顿从"破窗理论"中受到启发，针对纽约地铁犯罪率长期居高不下的情况，采取了一系列看似"微不足道"的措施。他以"破窗理论"为理论基础，在地铁站重大刑事案件不断增加的时候，极力打击逃票行为。结果令人难以置信，每七名逃票者中，就有一名是通缉犯；每二十名逃票者中，就有一名携带枪支、刀具。从抓逃票者开始，地铁站的犯罪率就开始快速地下降，治安也大为好转。

心理学与生活
让你受益一生的88个心理学定律

其实，不只是纽约，"破窗效应"在我们身边也经常有体现。例如对于违反公司规定或操作程序的行为，有关组织没有及时的处理，没有引起员工的重视，从而使得类似行为屡次发生。又如墙上的涂鸦，如果没有人去清理，很快墙上就会布满各种不堪入目的东西。或者在一个干净的地方，人们就会不好意思乱扔垃圾，但是一旦地上有垃圾出现，人们就会毫不犹豫地随处扔垃圾，丝毫不觉得羞愧。这就是"破窗效应"的表现。

有一家公司，规模不算太大，但对待员工却很人性化，从不轻易地处罚或是开除员工。一天，车工汤姆为了赶在中午休息前完成工作，就把切割刀前的防护挡板卸下来，这样便节省了三分之一的时间。没有防护挡板，虽然留下了安全隐患，但收取加工零件时会更方便、快捷一些，这样汤姆就可以在中午好好休息了。不巧的是，汤姆的举动被无意间走进车间巡视的主管逮了个正着。主管大发雷霆，令他立即将防护板装上去，又站在那里训斥了半天，并声称要作废汤姆一整天的工作。第二天一上班，汤姆又被通知去见

你应该比其他人都明白安全的重要性，为什么还明知故犯？

老板。老板说："身为老员工，你应该比其他人都明白安全意味着什么。你今天少完成了零件，损失了一些利润，但没关系，公司可以想办法把它们补起来。可你一旦发生事故、失去健康乃至生命，那公司将永远无法弥补。"

汤姆流泪了，在公司工作的几年里，汤姆有过风光，也有过不尽如人意的地方，但公司从没有说他不行，或是严厉惩罚过他。可这一次不同，汤姆知道，这次触碰的是公司的灵魂。

在工作的过程中，管理者必须高度重视那些看起来是个别的、轻微的，但触犯了公司核心原则的"小的过错"，并应严格按照规章制度处理。"千里之堤，溃于蚁穴"。如果不能及时修理好"第一扇被打碎的窗户"，就将可能带来无法弥补的损失。

因此，我们在工作中必须毫不松懈，时刻警觉地注意到那些看起来个别的、轻微的问题，及时修补"破了的窗户"，不能自欺欺人，否则，"窗户"一旦被打破，只会使问题恶化。其实，任何一件大事都是由无数小事组成的，若能将细节做到完美，结果才有可能完美。

蝴蝶效应：细节决定成败

蝴蝶效应是由洛伦兹在华盛顿的美国科学促进会的一次讲演中提出的，它的内容是：一只南美洲热带雨林中的蝴蝶，偶尔扇几下翅膀，就有可能在两周后引起美国得克萨斯州的一场龙卷风。原因在于，蝴蝶翅膀的运动会导致其身边的空气系统发生变化，并引起微弱气流的产生，而微弱气流的产生又会引起它四周空气发生相应变化，由此引起连锁反应，最终导致得克萨斯州的气候发生极大变化。

"蝴蝶效应"之所以令人着迷、令人深思，不仅在于其迷人的美学色彩和大胆的想象力，更在于其深刻的科学内涵和哲学魅力。正是因为如此，"蝴蝶效应"后来被广泛应用到政治、经济、军事等各个领域。

罗伯特·西奥迪尼是美国著名的心理学家，也是亚利桑那州立大学的心理学教授。

有一天，他乘地铁去时代广场。当时正值下班乘车的高峰期，人流像往常一样沿着台阶蜂拥而下直奔站台。突然，罗伯特·西奥迪尼看到一个衣衫褴褛的男子躺在台阶中间，闭着眼睛，一动不动。赶地铁的人们都像没看到这个男子一样，匆匆从他身边走过，个别的甚至是从他身上跨过，急着乘坐地铁回家。

看到这一情景，罗伯特·西奥迪尼感到非常震惊。于是，他停了下来，想看看到底发生了什么。就在他停下来的时候，耐人寻味的转变出现了：一些人也陆续跟着停了下来。很快，这个男子身边聚集了一小圈关心的人，人们的同情心一下子蔓延开来。有个男人去给他买了食物，有位女士匆匆给他买来了水，还有一个人通知了地铁巡逻员，这个巡逻员又打电话叫来了救护车。几分钟后，这个男子苏醒了，一边吃着食物，一边等待着救护车的到来。

人们渐渐了解到，这个衣衫褴褛的男子只会说西班牙语，且身无分文，已经饿着肚子在曼哈顿的大街上流浪了好几天，他是因为饥饿而昏倒在地铁站的台阶上的。

为什么起初人们对这个衣衫褴褛的男子熟视无睹、漠不关心呢？为什么后来人们对这个衣衫褴褛的男子的态度又有了较大的改变呢？

因为有一个人的关注，致使情况发生了变化。当时，罗伯特·西奥迪尼停下来，仅仅是要看一下那个处于困境的男子而已，路人却因此也注意到了这个男子需要帮助。在注意到他的困境后，大家开始用实际行动来帮助他。

一个人改变了，身边的一些人就可能会跟着改变；身边的一些人改变了，很多人才可能会跟着改变；很多人改变了，世界就可能会改变……

"蝴蝶效应"的连锁反应每天都有可能在我们身边发生。虽然听起来有些夸张，但是却符合哲学中的"普遍联系性"。即使是一个环节出现了极小的偏差，都有可能引起结果的极大变化。西方有一个民谣就极为生动、形象地解释了这一点：少了一枚钉子，掉了一只蹄铁；掉了一只蹄铁，毁了一匹战马；毁了一匹战马，摔死了一位将军；摔死了一位将军，吃了一场败仗；吃了一场败仗，亡了一个国家……马蹄铁上一枚钉子的丢失，本是初始条件中十分微小、不易察觉的变化，但却影响了一个国家的存与亡。这就是政治和经济领域中十分重要的"蝴蝶效应"。由此可以明白，如果对一个微小的纰漏不以为然、任其发展，那它就有可能像多米诺骨牌那样引起全局的崩溃。正如一阵微风可能引发一场雪崩，一个烟头可以点燃整个森林一样。

名扬天下的美国福特公司，不仅改变了整个美国的国民经济状况，而且使美国的汽车产业在世界成为霸主。谁又能想到如此巨大的成功的创造者福特当初进入公司时的"敲门砖"竟是"捡废纸"这个简单的动作。

那时福特刚走出大学校门，来到一家汽车公司应聘。当时一同应聘的几个人学历都比他高，福特感到自己几乎没有希望了。当他敲门走进经理办公室时，发现书桌旁的地上有一张废纸，他很自然地弯腰把它捡了起来，顺手扔进了垃圾桶。经理把这一切都看在眼里。等到福特面试时，福特刚说了一句："您好，我是来应聘的福特。"经理就发出了邀请："很好，福特先生，你已经被我们公司录用了。"这个让福特感到震惊的决定，实际上源于他那个不经意的动作。经理接着说："你的竞争对手的学历确实比你高很多，但是，他们的眼里只能看到大事，而对细节、小事置若罔闻。你的眼里不管大事小事都能看得到。我认为，一个连细节都懂得如何处理的人，将来必定会有所作为。"从那以后，福特就开始了他的辉煌之路。后来他还把公司改名，让福特汽车闻名全世界。

　　福特的成功绝非偶然，他下意识的动作是他的习惯，他的这个动作也体现了他积极的人生态度。这正如心理学家詹姆士所说："播下一个行动，你将收获一种习惯；播下一种习惯，你将收获一种性格；播下一种性格，你将收获一种命运。"在我们的一生中，一个灿烂的微笑，一次大胆的挑战，一个习惯性的动作，都可能产生意想不到的辉煌和成功。

　　由此我们可以看出，人生的成败是要从全局着眼的，疏忽任何一个细节，都有可能直接影响成功。因此，只有注重小事，不看轻细节，才不会因为"一着不慎，满盘皆输"。

手表定律：不要制订双重标准

　　在森林里生活着一群猴子，它们每天都是太阳升起的时候外出觅食，太阳落山的时候再回去休息，日子过得平静而幸福。

　　一天，一名游客穿越森林，把手表落在了树下的岩石上，被猴子猛可拾到了。聪明的猛可很快就搞清了手表的用途，于是，猛可成了整个猴群的明星，每只猴子都向猛可询问确切的时间，整个猴群的作息时间也由猛可来规划。就这样，猛可逐渐建立起威望，当上了猴王。

　　做了猴王的猛可认为是这块手表给自己带来了好运，于是它每天在森林里寻找，希望能够拾到更多的手表。终于，工夫不负有心人，猛可又拥有了第二块、第三块手表。

　　但猛可却有了新的麻烦：每只表的时间显示都不相同，到底哪一个才是确切的时间呢？猛可被这个问题难住了。当有猴子来问时间时，猛可支支

第九章 让管理走向智慧

吾吾回答不上来，整个猴群的作息时间也因此变得混乱。过了一段时间之后，猴子们开始造反，把猛可推下了猴王的宝座，猛可的收藏品也被新任猴王据为己有。

这就是著名的手表定律。它所要告诉我们的是，当我们只有一块手表时，可以确定时间；拥有两块或更多的手表，却无法确定时间了。因为更多的手表并不能告诉人们更准确的时间，反而会让看表的人迷惑。

因此，我们对待同一件事情绝不能同时设定两个不同的标准，否则将会使这件事情变得复杂、毫无头绪。对于我们自身，也不能同时选择两种不同的价值观，否则我们的行为和思维都将陷于混乱；而对于一个企业，更是不能同时采用两种不同的管理方式，否则将使这个企业无法运转起来。

举个例子来说，在一家外资企业中，结构组成采用的是矩阵型，即一个职位要向两个上级汇报。这就意味着市场专员既要向本地的首席代表汇报，也要向市场部经理汇报。因为首席代表觉得自己更了解中国国情，而市场部经理觉得自己有更专业的判断力，结果使得指令经常产生混乱。为了避免自己判断上的失误，在此之后，市场专员干脆将电子邮件同时发给两个上级，等两个上级都同意了之后再去执行。也正因为如此，贻误了很多的市场推广契机。

这就是没有明白手表定律而产生的后果。其实国外总部与国内分公司都是站在促进公司发展的同一个立场，然而在操作过程中却产生了分歧，给市场专员的手上"戴"上了两块"表"，他也就混乱了，结果影响了公司的发展。与此类似的，还有下面这则小故事。

在世界诞生之际，第一天，上帝创造了太阳，接着魔鬼就创造了灼伤；第二天，上帝创造了性，随后魔鬼就创造了婚姻；第三天，上帝创造了一位经济学家，魔鬼陷入了沉思之中。苦苦思考了好一阵子，结果魔鬼也创造了一位经济学家。魔鬼知道，两种不同的思想理念、价值标准、追求目标会让人类处于混乱的状态之中。

做事情之前必须要有一个明确的目标与价值标准，然后脚踏实地地去努力，只有这样才会有成功的可能。所以，当两个目标、两种思想同时出现并相互冲突时，我们必须放弃一个，这是毋庸置疑的。人的价值观和做事的标准都只能坚持一个，多了或是少了都将使自己混乱、迷惑。

有一个磨坊主和他的儿子一同赶着毛驴去集市。路上他们遇到了一群卖菜的妇女，其中一个妇女看到他们时嚷着说："你们快看啊，多傻的父子俩啊，有驴不骑却在地上走。"磨坊主听了她的话，觉得说得很对。于是，就让他的儿子骑上毛驴，自己在地上走。

快到村口的时候，父子俩又遇到几个乘凉的老人，其中一个老人说："你们快看啊，那个儿子自己骑着驴，却让父亲在地上走，真不孝顺啊。"磨坊主听见老人的话，没办法，只好让儿子下来，自己骑了上去。

又走到快进山口的时候，父子俩又碰到一群妇女和孩子。几个妇女一见父子俩就拉着孩子大喊起来："你们快看，多狠心的父亲啊，自己骑着驴，却让儿子在地上走。"磨坊主一听，只好把儿子也拉上驴，两人同骑一驴。

就这样，当他们走到集市的城门口的时候。一个大汉看到这父子俩又说："你们快看啊，哪有这么狠心虐待牲口的啊，他们都要把它累死了。"

此时的磨坊主已经不知所措了，最后只好和儿子把驴的四条腿捆在一起，用一根棍子抬着驴朝集市走去。

尼采曾这样说过，"兄弟，如果你是幸运的，你只要有一种道德而不要贪多，这样，你过桥会更容易些。"如果每个人都能明确自己想要的，那么，无论成败都可以心安理得。然而，困扰着大多数人的是他们总是被"两只表"弄得无所适从，心力交瘁，不知自己该选择哪一个。

世界上存在着太多的标准。对于同一件事情，每个人的衡量标准不同，观点也就不同。因此，我们可以参考、学习别人的意见和标准，但并不是标准和意见越多越好。因为标准多了，反而会让自己无所适从。所以，我们只要学会坚持自己的观点和立场就足够了。

霍布森选择：放宽眼界，打开思维

1631年，英国剑桥有个商人叫霍布森，专门从事贩马生意。他在卖马时总是跟别人承诺：我的马是最好的，也是最便宜的。只要付出少量的金钱，不管哪一匹，或买或租都任你选择。不过当他把马放出来供买马人选择时，却又额外附加了一个条件：只允许挑选门外的马。其实这是个陷阱，因为他的马圈只开了个小小的门，高大威武的马根本就放不出来，能放出来的只能是矮马、瘦马、小马，不管怎么选，结果都不会令你满意。

后来人们在决策中把这种没有选择余地的选择戏称为霍布森选择。

霍布森选择显然是一个假选择，因为它的选项永远都只有一个。在故事中我们可以看出，霍布森选择给人们展示的是一个诱人的陷阱，让人们被低廉的价格所吸引，纷纷跑到这边来选马，但因为马圈的门口太小，所以，人们根本不可能选到高大威猛的好马，或是只有花大价钱才能买到自己中意的马。如此的选择，显然已经落入了霍布森选择的圈套之中。

其实，在我们的生活中处处存在着霍布森选择。这就要求我们必须放开眼界，打开思维，以更加灵活的方式寻找新的路径，因为没有选择的余地就等于扼杀了自己的前途。一个人选择了什么样的环境，就选择了什么样的生活，想要进步就必然需要有更大的选择空间。

在古希腊的神话中，有一个凶狠的大盗叫普洛克儒斯忒斯。他有两张铁床，一张很短，一张很长。他强迫着过路的客人躺在床上，如果床比人长，就用一把巨钳夹住人的四肢把客人抻长，抻坏客人的筋骨；如果床比人短，他就用刀砍掉客人的双脚。

这个穷凶极恶的大盗最后败在了伟大的英雄忒修斯手中。忒修斯抓住他，把他按在那张短床上，然后就像他平时对待过往的客人那样，用刀砍掉了他的双腿，让他在痛苦中慢慢死去。

在职场之中，若是管理者仅用一个呆板的标准来要求员工，不知变通，那也就相当于把他们的脚砍掉或者筋骨拉长，不仅十分愚蠢，而且还会激起员工的不满与愤怒。因此，作为一个管理者应当以此为戒，不要使员工陷入霍布森选择之中，更不能把他们约束在任何一张无形的铁床上。

在我们的生活中也到处存在着霍布森选择。例如一些商家返券促销，表面上看起来消费者是得益了，然而实际上，基本所有的这类活动所返回来的代金券都是受限制的，总有一些品牌店是不参加活动的，即使是参加活动的品牌店，它的当季新款商品也是不能使用代金券的。再举个例子来说，一个大学生毕业后可以出国"镀金"，可以继续读研，还可以自己创业等，但是由于"囊中羞涩"，其实以上的选择都是名存实亡的。换个角度来说，目前社会上以学历为标准的风气和父母对孩子进一步深造的期望，都使得他们不得不选择考研，这是残酷的现实竞争给选择套上的无形的枷锁。又比如在一个天气晴好的周末，你本想在家里读自己喜欢的书、打游戏，可是女友的一通让你陪她逛街或是去看电影的电话就使你的这些计划化为泡影。虽然可以让你从逛街和看电影中选择，但是这两项其实都并非你所愿，这又陷入了一个霍布森选择之中。

我们的决策过程是在多种可行方案中选择最满意或最优方案，但如果每个备选方案都是不满意的，选择就会变得毫无意义。人生中，一旦选择目标与选择的限制相冲突，就很容易出现霍布森选择的尴尬局面。

那么，怎样避免落入霍布森选择的决策陷阱呢？这就要求我们用科学的思维方法来制订备选方案，深入实际，广泛调研，充分了解相关信息，找出解决问题、实现目标的关键和相关的限制条件。通过总结和分析，权衡利弊、区分优劣，拟订多种优质预案作为备选方案。只有在此基础上做出的选择才是最佳选择。

社会心理学家指出：如果陷入霍布森选择的困境之中，就不可能创造性地学习、生活和工作。道理很简单，优与劣、好与坏，都是在选择对比中产生的，只有拟定出一定数量和质量的方案供对比选择，才有可能做到合理、优化。因此，只有在许多可供对比选择的方案中进行研究，并能够在对其了解的基础上判断才算得上判断。因此，没有选择余地的选择就等于无法选择，就等于扼杀创造。

第十章

高效能人是怎样炼成的

职场是人生的一所大学，这里有每个人终生的必修课。有的人可以顺利毕业，有的人成绩平平，有的人则迟迟毕不了业。职场有其潜规则，如果你对这些潜规则一无所知，是很难从这所大学毕业的。本章为读者揭示的这些心理法则，可以很好地帮助职场人士了解职场潜规则，这也是每位职场人士的制胜之道。

职业倦怠：要清楚你在为自己工作

在上班族中间存在着一个怪现象，很多人过一个周末就过"懒了"，到了周一该上班的时间，仍旧懒洋洋的，提不起一点精神来，毫无工作的激情可言。这样一来，工作效率更是无从谈起。倘若休个长假，这样的情况就会更加严重。例如，春节长假过后，很多人在很长的一段时间内都难以调节过来，让自己进入到工作状态。

以上这种现象，归结到心理学上就是职业倦怠。职业倦怠是由多方面的原因造成的，其中最主要的上班恐惧症，就是由于对上班的目的认识不够清晰。

上班恐惧症是职场心理学中一种较为常见的心理现象，它主要表现为上班前不想去上班，或者是上班的第一天无法安定下来投入到工作当中去，总是感到心中焦躁不安，无法集中精力。

李志健在一家外企工作，他日常的工作就是到全国各地开发客户。公司每个季度都会给他们制订销售任务，因此，要想在公司里有晋升的机会，完成任务是首要的条件。

为了谋求更好的发展机会、得到更多的酬劳，李志健平时总是东奔西走，这样一来，他就总感觉自己缺乏睡眠。他曾经不止一次地在酒桌上说道："我现在最大的心愿就是推掉一切应酬，好好地睡上几天几夜。"

这一愿望，终于在春节七天长假的时候有望实现。李志健打定主意，在这七天的时间里他拒绝任何应酬，要把大部分时间都用来补充睡眠。于是，整个春节期间，他关掉了自己的一切通信工具，只是提前通过电子邮件转达了自己的祝福和心愿。

一觉醒来，李志健发现已是年初一的下午，可是他仍然觉得自己的双眼睁不开，于是没过几分钟他又昏沉沉地睡着了。醒来时，已是夜幕降临，于是起床美美地饱餐了团圆饭。吃完饭，陪家人看了一会电视。可是还不到22点，李志健又发现自己浑身无力，于是又钻进了被窝。第二天，他仍旧是睡到了自然醒。

春节过后，李志健感到前所未有的放松，似乎一年的疲劳也在这几天统统被消解掉了。

李志健想，春节一过就以饱满的精神状态投入到工作当中去。可是，令他万万没有想到的是，就在上班的前一天，他仍旧感到自己四肢疲乏，关节酸痛，精神似乎也不太好，就好像还没有做好预热工作的运动员，觉得马上比赛未免太仓促。结果到了上班的时间，李志健仍旧是昏昏沉沉的，打不起丝毫的精神来。

李志健的情况，就是职场心理学中的上班恐惧症。主要是由于平时长期处于高度紧张的工作压力下，人们会形成一种应急机制，身体会相应地建立与之匹配的运作模式，而假期则把原来已经形成的模式打破。长假过后，身体的运作模式仍处于休息状态。因此，当"肉体"重新回到工作中的紧急状态时，"精神"却还在休息状态，以至于精神状态无法马上进入战备的状态。一旦发现自己有"上班恐惧症"的迹象，不必过于担心，因为其周期一般为3~5天。给自己的身心几天缓冲的时间，就会慢慢地适应过来。

上班恐惧症是造成职业倦怠的主要原因之一，但是只要大家懂得适当调控，仍旧可以避免。

除此之外，在工作中无法准确地为自己定位，是造成职业倦怠的另一主要因素。一些刚刚走出校园、踌躇满志的年轻人总是认为,"老板给我多少薪金,我就会做多少工作",一旦发现自己的薪金跟自己的付出不吻合的时候,就会觉得自己的劳动成果受到了剥削。存在这种心理的年轻人,没有搞清楚自己到底在为谁工作。要知道,薪金只是工作的一种报偿方式,但工作的意义,并不完全是为了薪金,一个人的技能总是在工作中得到检验和大幅度的提高,一个人的交际能力更是在工作中才能得到提高,还有无比珍贵的工作经验,以及良好品格的建立等,无一不与工作有关。

我们一定要清楚地认识到,今天的事情只为自己而做,今天的工作也只为自己而做。工作,是为了让我们更好地生活,而不是仅仅为了维持生计。一份可以激发自己斗志的工作,跟一份无法调动自己积极性的工作,对一个人有着非常不同的影响。但世界上并不存在对于你来说一无是处的一份工作。一份工作,只要你投入,你坚持,就会有回报。因此,你需要改变的是自己的心态,以及对待工作的方式,而不是工作本身。

瀑布心理效应:管好自己的嘴巴

瀑布心理效应,指的是信息发出者的心理比较平静,但引起了接受信息的人的心里不平静,导致其态度、行为发生变化。这种心理现象像极了大自然中的瀑布。瀑布从高山飞流直下,其源头并没有那么汹涌,而是非常平静,只有当瀑布遇到某一峡谷时方会一泻千里。

瀑布心理效应提醒我们,交际的过程中一定要注意自己说话的方式、分寸,千万不要信口开河。很多话,或许是自己不经意间地流露,但传到对方的耳朵里,却发生了变化。正所谓:"说者无心,听者有意。"因此,

第十章 高效能人是怎样炼成的

交际的过程中，一定要学会给自己的嘴巴安排一个"哨兵"，否则情况就会很糟糕，甚至给自己招来杀身之祸。

《史记》中记载着一个这样的故事，平原君赵胜的邻居中有一个瘸子。一天，平原君的小妾正站在临街的阁楼上，此时恰巧瘸子一瘸一拐地到井台去打水。平原君的小妾正闲来无事，看到井台上打水的瘸子觉得非常好笑，于是就大声讥笑了一番。

小妾的话大大地伤害了瘸子的自尊心，他感到自己简直就是受了奇耻大辱。于是他找到平原君，并要求平原君杀了这个小妾，以示他尊重士子而鄙夷女色。

平原君闻讯犹豫不决，瘸子见状后说道："士可杀不可辱。我不过是有些残疾，就遭受你的小妾无端的讽刺、讥笑，倘若您不为我做主，士子们就会认为你重色而轻士，从而就会离你而去。"

平原君恍然醒悟，毅然下令处死了那个说话没有分寸的小妾，而且亲自向瘸子道歉。

平原君的小妾正是因为说话没有分寸而招来了杀身之祸。古往今来，由于一言不慎而引来杀身之祸的例子不胜枚举。可见，在社交场合，注意说话的分寸是件多么重要的事情。

为了顺利地展开自己的社交圈，让自己做一个受人欢迎的人，就必须时刻提醒自己，千万不要轻易地触犯别人，要避免由于自己一句不当的闲话而引起强烈的瀑布心理效应。古话说："言多必失。"在不了解别人的情况下，为了不冒犯到别人，千万不要妄下雌雄，一定要掌握说话的分寸和注意谈话的禁忌。

你一定会有这样的体会，与人交往的过程中，一句不经意的话，明明你不是这个意思，对方却听出了这个意思。这样一来，误会产生了，而且是越描越黑，搞得你有口难辩，因此只好是听之任之。倘若对方是你非常熟知的朋友，他或许过段时间就会谅解你的无心之过，但如果对方是你的上级、客户或是同事，那么你不经意间的一句无意的话，就很有可能让自己损失一笔生意，甚至丢掉一份工作，还会造成人际关系紧张。

一位新员工在中午午休的时间与大家聚在一起聊天，聊着聊着就聊到了张经理。张经理今年40岁，但看起来比较老相。他非常介意别人提及他的年龄，因此办公室的员工们从不在他面前谈论年龄的问题。

新员工初来乍到，为了跟领导套近乎，于是夸张经理看起来很年轻。张经理听后，饶有兴趣地问道："那你看我今年有多大？"

新员工胸有成竹地说："您也就刚50岁吧。"张经理尴尬地笑了笑，一旁的同事们表情怪怪地摇了摇头。"那我猜的年龄跟您的实际年龄差几岁？""10岁。"同事们回答说。"啊？您看起来真的很年轻，说您60岁了我还真不相信。"新员工兴奋地说道。

张经理拂袖而去，同事们面面相觑。不多久，这名新员工就被开除了。

从心理学的角度来讲，该员工一句看似无足轻重的话，却击中了张经理的软肋。无论该员工说出这句话时心理是多么的平静，但是他的话却引起了张经理心理上的轩然大波。于是，开除他也就没那么大惊小怪了。

为了避免自己的一句闲话引起别人强烈的瀑布心理效应，在谈话之前，一定要处处小心，步步留神，在没有了解对方的性格、习惯、禁忌前，千万不要信口雌黄。那些容易引起对方误会、反感的话题，一定要非常谨慎。

交流的初衷，是为了让对方了解自己，而非制造误会。说话不仅可以体现一个人的社交能力，还可以体现一个人的涵养。会说话的人，总是能为自己赢得好人缘，在复杂的人际关系中为自己铺出一条康庄大道。

青蛙效应：身在职场，不进则退

青蛙效应，指的是把一只青蛙直接扔进开水里，它会因感受到开水烫灼的巨大痛苦而奋力一跳，从而跃出水面，获得重生的机会。而当把一只青蛙放在一盆温水里并逐渐加热时，青蛙由于已经慢慢适应了惬意的水温，而变得麻木起来。于是，当温度已升高到一定程度时，它再也没有力量跃出水面了。最终，青蛙便在舒适之中被烫死了。

青蛙效应，讲的正是"生于忧患，死于安乐"的道理。无论是青蛙，还是其他的生物，都对舒适有着过低的免疫力。因此，人们经常说"温室里的玫瑰更容易死亡"。过于舒适的环境，不是安乐的温床，而是导致衰亡的险滩。

20世纪初，在美国西部落基山脉的凯巴伯森林中有着大约4000头野鹿，而与之相伴的是凶残的野狼。有了野狼的追杀，鹿就必须不停地奔跑。为了这些鹿的安全，美国总统曾在1906年颁布法令，进行一场除狼行动。

直至1930年，累计枪杀了野狼六千多只，野狼在这里一度绝迹。于是，鹿开始在这里无忧无患地休养生息。不久，鹿的数量就惊人地由原先仅有的四千多头增长到十万余头。

然而好景不长，没过多久开始出现大批量的鹿死亡，直至1942年，凯巴伯森林中鹿的数量骤然下降到8000头，且病弱者居多。

科学家研究发现，出现这种事与愿违的局面，究其原因就是因为狼被人为地杀害。没有了狼的追击，鹿开始无限量地繁殖，生物的优胜劣汰原则被打破，这非常不利于鹿群的生存。再者，鹿在狼的追逐下，必须经常处于逃跑的运动状态，而这大大促进了鹿的健壮发育，没有狼了，鹿再不需要奔跑，因此鹿群的体质大大减弱，导致鹿群中的病弱者增多。

美国政府为了挽救灭狼带来的恶果，20世纪70年代开始实施"引狼入室"计划。1995年，从加拿大运来首批野狼放生到森林中。不久后，森林中重新焕发出勃勃生机。

没有了狼的追杀，鹿群比以前生活得更加舒适，进而停止了奔跑。然而，停止奔跑并没有让鹿群永葆生机，而是让鹿群一度濒临灭绝。可见，忧患意识，无论是对青蛙，还是鹿群，乃至整个自然界都有着不容忽视的好处。

自然界中"优胜劣汰"的法则同样适合于人类社会。随着社会的进步，没有忧患意识的人只能是等待着被淘汰。倘若你止步不前，别人仍在进步，那就说明你在倒退；倘若你止步不前，而后边的人却仍在奋力赶超，那你无疑就是在为别人加马力。没有人可以一劳永逸，今天的佼佼者，只要放松进步的脚步，明天就会成为别人的手下败将。

第十章 高效能人是怎样炼成的

刘辉和张铭是大学同学，毕业的时候，他们曾到同一家公司面试，结果，刘辉如愿以偿地留了下来，张铭却被淘汰了。

刘辉初来乍到，尽管自己手里握着重点学校的文凭，但是跟那些有着丰富工作经验的元老比起来真的是相形见绌。于是为了这份来之不易的工作，他丝毫不敢怠慢。白天他跑工地，进行实地考察和学习，晚上还要挑灯阅读专业知识。因为他发现自己在学校里学到的知识跟实际应用比起来真是少得可怜。

那个时候的刘辉，感觉自己真的像是一个没有气的气球，太需要"充气"。两年的努力下来，刘辉的汗没有白流，换来了部门经理的头衔。他终于可以松一口气了，至少，再也不用担心自己随时都会被炒鱿鱼。

自从当上经理后，刘辉再也不读书，也不跑工地了。

张铭面试时被公司淘汰后，认识到自己的不足，开始发奋读书，他后来到了另一家公司做了一名职员。这家公司无论是论实力还是规模，都在刘辉所在公司之上。

刘辉做了1年的经理后，准备到更大的公司谋求发展。机会终于来了，张铭的公司在年终的时候准备招兵买马，于是张铭把这个消息透露给了刘辉。

面试前，刘辉颇有胜算。结果面试的过程中，他在回答考官的问题时支支吾吾，根本无法完整地回答上来。而让他更加懊恼的是，那些问题曾经是在自己当了经理后遇到的问题，只是当时的自己懒得去处理，便随手把他丢给了自己的下属。最终刘辉没能通过这次的面试。

一名小小的职员，如同大海里的一滴水，随时都有蒸发掉的可能，因此，不能停止前进的脚步，必须提高警惕，要求自己不断进步，否则，就会被淘汰出局。而舒适、惬意让刘辉失去了继续努力的动力，于是他做了安逸的"鹿"，直至"狼"重新出现在眼前，才恍然大悟，自己已经退化到

205

无力奔跑。

没有了压力，努力似乎就没有了意义。但事实上，职场中的努力永远没有终点。只有不断地树立新的目标，不断地接受新的挑战，甚至让自己处于竞争的压力之中，才能总是睁大眼睛去拼搏。而安逸享乐总是会消退人的意志。锐气全无的人，结果也只能是一败涂地！

异性效应：干活要讲究男女搭配

经常听人们说一句话："男女搭配，干活不累。"而且这种现象在日常生活中也总是能得到证实。这其中有什么奥秘呢？原来，在人际交往中，异性之间总是存在着一种特殊的相互吸引力和激发力，彼此双方都能从交往中体验到难以言传的愉悦感，进而使双方的活动和学习都受到积极的影响。这种在社会活动中普遍存在的心理现象就被称为异性效应。

林娜在一家公司任公关部经理，不知是职业的需求还是性格使然，她的社交面颇广，而且总是出师必胜，为公司立下赫赫战功。

公司的原料告急，材料科的张科长四处奔走却连连碰壁，最后他只好求助于林娜，结果问题很快迎刃而解。于是，张科长对林娜赞不绝口。

公司的运作资金出现缺口，需要向银行贷款，但是对方却总是以种种借口推脱，总经理为此急得就像是热锅上的蚂蚁一样。林娜主动请缨，为公司解了燃眉之急。为此，林娜备受领导器重，工资、奖金一加再加。

有人试图总结林娜成功的秘诀，他们发现，林娜的思维敏捷，口才较好，知识丰富。除此之外，也不得不说，林娜的姿色在女性里边算是佼佼者。她身材高挑，容貌姣好，举手投足间流露出的职业女性的气质，让很多人为之迷恋。

但不管怎么说，公司总经理的才能应该说也不在林娜之下，在他都被认为很难啃的骨头，却被林娜拿下了。究其原因，还是异性效应的作用。因为，林娜的成功也不得不说得益于对方大多都是异性。

学生时代，女生总是喜欢男老师，而男生则恰恰相反，他们则认为女老师更善解人意。工作中，人们也总是更喜欢与异性打交道。说到底，这些都是异性效应在发挥作用。

曹阳是一家IT公司的市场总监，在公司里算是中层领导。但一直有个难题困扰着他，那就是他的部门整天死气沉沉的，大家看起来似乎没有太多的激情。为此，他想过很多帮助大家释放压力的法子，但都不奏效。

曹阳的部门有一个很大的特点，员工清一色的"须眉"，大家似乎对此也都已经习惯了。后来，一次部门招聘，曹阳招进来两个女员工。结果，曹阳发现自从这两个女员工到来后，部门的男同胞们开始注重自己的形象，大家更是一改过去的常态，收敛了很多。而且令曹阳远远没有想到的是，部门的业绩在那一季度末创了历史新高。

曹阳的做法正是利用了异性效应。心理学家研究发现，在一个只有男性或女性的工作环境里，无论工作条件多么优越，自动化程度多么高，大家却总是容易疲劳，工作效率不高。

懂得了异性效应这一心理现象，身为职场中的管理者就应懂得"男女搭配，干活不累"的核心含义。或许，困扰你很久的一个难题会因此迎刃而解。

布利斯定律：工作之前要计划周密

美国行为科学家艾得·布利斯提出，如果每次行动前，都用较多的时间来做计划，那么，做这项事情时所用的总时间就会大大减少。换言之，行动之前进行头脑热身，构思自己所要做之事的每一个细节，然后再投入行动，这样做起来就会更加得心应手。这就是著名的"布利斯定律"。

美国曾有心理学家做过这样一个实验。他们将学生分为三组，然后按照不同的方式训练他们的投篮技巧。

第一组的学生在20天里每天都练习投篮，然后记下第一天与最后一天的成绩；第二组的学生也将第一天与最后一天的成绩记录下来，但是他们在此期间并不做任何练习；第三组的学生则每天都要练习，并用20分钟的时间来总结当天的练习，对不足之处做出相应的纠正，并且计划自己第二天的训练，然后分别记下第一天与最后一天的成绩。

实验结果表明，第一组的学生进球增加了24%；第二组的学生毫无长进；第三组的进球则增加了26%。

据此，心理学家得出结论：行动之前进行头脑热身，构想要做之事的每一个细节，并将这些细节牢牢地铭刻在自己的脑子里，一旦行动起来，便会更加得心应手。

心理学家的实验表明，在做任何一件事情前，如果做出周密的计划，将会大大增加行动成功的可能性。倘若说目标是努力的方向，那么计划就是做事的方法。其实，目标与计划是密不可分的，有了目标，就要随之制定出一份严格可行的计划来。只有遵循计划一步一个脚印地稳步前进，才能实现宏伟的目标。倘若只有目标而没有完整的计划，行动起来就像是无头苍蝇，到处乱撞。

高阳刚参加工作的时候，由于没有经验，只能到一家公司做起了人事，但那并不是他最终的目标。当他发现自己的收入跟市场部的同事有着天壤之别时，更是不甘心。他发誓，只要一有机会就会跳到市场部。

机会终于来了，在人事部"潜伏"了半年后，老板看在他各个方面表现都很优秀的分上，答应让他到市场部大展身手。

高阳如愿以偿地进了市场部，兴奋不用言表。但是他很快发现，做业务真的不是那么简单。于是高阳更加卖力，他相信天道酬勤的良训。

一个月下来，高阳的客户量已经是400个。可是他发现，记录一多，工作紧跟着就杂乱起来。更糟糕的是，由于客户的资料混乱，他根本不知道哪些客户是自己需要的。甚至，他把那些只差临门一脚的客户都忘记了。

一个月下来，高阳开始反思自己的工作模式，他发现光是勤奋是不够的，他必须让自己的工作井然有序。于是，他调整了工作战略，为自己制订周密的客户跟踪计划，给自己留出时间去"磨刀"。

高阳所谓的"磨刀"，就是把每天的客户量减少并开始有的放矢地把跟客户联络的内容记在卡片上，而且每天下班前必做的工作就是回顾这些卡片，并且制订出第二天的工作计划。

这样一来，高阳的工作不再杂乱无章，而是安排得井然有序。坚持了一段时间之后，他发现真的是"磨刀不误砍柴工"，自己干得一单更比一单漂亮。

亨利·德佐·罗也曾经说过："倘若一个人朝着他所梦想的方向奋勇前进，尽力奉献自己所能够提供的一切，他的事业就会成功。"当我们为自己树立宏伟的目标之后，随之就应该制订出与之相对应的落实计划，然后只需按照计划坚持下去，你就会发现离成功越来越近。

有关权威研究机构的研究结果显示，在成功实现目标的人当中，事先制订计划的人数比例高达78%，而未制订计划的人数比例则只有22%，他们的成功多半伴有偶然性。

我们也常说"计划赶不上变化"，在实现计划的过程中，总是会有一些意想不到的问题出现。这并不代表计划是无足轻重的，相反，我们需要在行动中进一步检测和完善我们的计划。

当然，无论是目标还是计划，倘若不付诸行动，都只能是纸上谈兵，工作上也是如此。在职场打拼，每人都有自己的梦想和目标，谁都不会甘于平淡，但是有些人在职场中可以做到游刃有余，有些人则表现得束手无策。造成这种差别的原因是多方面的，成功者总是善于规划自己的人生，他们无论做什么事，都是那么井井有条，有条不紊。一旦一个人按照科学的、积极的方法实施自己的计划，他就已经通向了成功的大门！

第十一章

构建真正的富足人生

　　世界上没有天生的富豪，更没有天生的穷光蛋，每个人都有成为富人的可能。但是一个人拥有多少财富，跟他的智慧密不可分。"智由心生"，只要你善于学习和运用"生财之道"，财富就会主动找上门来。从现在开始，着手财富的梦想，让财富源源不断地流入你的口袋，开始构建真正的富足人生。

心理学与生活
让你受益一生的 88 个心理学定律

王永庆法则：节俭让你更富有

　　王永庆白手起家，经过几十年的奋斗，终于取得了辉煌的成功。他与李嘉诚、陈必新被并称为世界华人最著名的三大财富偶像，并在台湾被誉为"经营之神"。其实，王永庆的成功有很大一部分都是源于他给自己所定下的一条法则：节省一元钱等于净赚一元钱。后来，他的这个思想被台塑集团员工奉为经典，也就是国内外企业管理者熟知的"王永庆法则"。

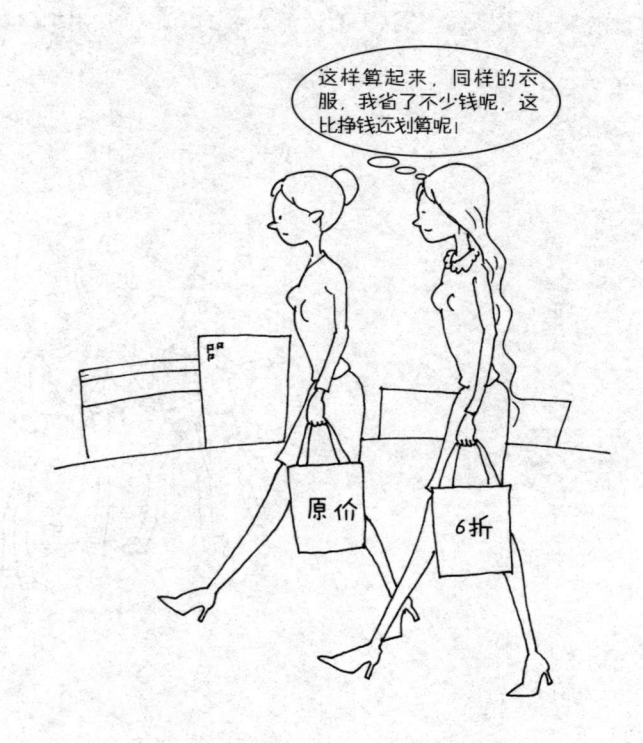

第十一章　构建真正的富足人生

王永庆从小辍学做学徒，16岁时就存够一笔钱开了一家米店，靠勤奋和努力开始了自己的创业之路。在获得了第一桶金之后，1954年他筹资创办了台塑公司，从此事业开始蒸蒸日上。台塑公司后来发展成为拥有一百多个企业、4个上市公司的台塑王国，不仅成为台湾地区最大的企业，在世界石化业中的地位也是举足轻重的。

虽然王永庆已经拥有了雄厚的经济基础，但他的生活却非常俭朴。他从不在意衣服的新旧和款式，只要大方得体就好；因为嫌长途电话费太贵，除了生意上的必要联系外，他从不跟子女们打电话闲聊，而是常常给子女们写信嘘寒问暖。可以说，他在生活上的俭朴与在工作上的努力一样知名，在台湾企业界无人能及，也因此令人无比钦佩。正是他这种在细节上节约资源的要求，让台塑集团更好的实现了"较低成本提供更好的服务"的原则。就像早年洗肾的费用很贵，做一次约要新台币6500元，而在王永庆看来4000元才是合理价位。于是，为了符合董事长要求，长庚医院自行研发洗肾的透析液，在材料供应上四处研究比较，能够自行开发的就自己做，降低为病人洗肾的费用，最终达到目标，不仅使病人得到了实惠，也增加了自己的财富。

在现实生活中，我们大多看重的只是创造财富，对于节俭并不会太在意，有时甚至认为那是小家子气。殊不知，节俭也是理财的一部分，而且是很关键的一部分。学会了节俭，使资源更好地参与优化配置，也就等于学会了对财富的运用和创造。

沃尔玛连续三年蝉联财富500强榜首。可以说，沃尔玛的成功，离不开它的管理体系，更离不开它的"俭"。沃尔玛把严格控制管理费用，节省成本贯穿于企业经营的每一个环节，例如在公司里，从来没有专门用来复印的纸，用的都是废文件的背面；出差的员工所住的地方，只是能够洗澡的普通招待所；沃尔玛的办公室都十分简单，而且空间狭小，即使是城市总部的办公室也是如此；一旦商场进入了销售旺季，所有的管理人员全都站到了销售一线，担当起搬运工、安装工、营业员和收银员等角色，以节约人力成本。

　　这样的节俭措施在沃尔玛随处可见，而这种理念的发起者山姆·沃尔顿，尽管已是亿万富豪，但他节俭的习惯却从未改变过。他甚至没购置过一所豪宅，经常开着自己的旧货车进出小镇，每次理发都只花5美元，在外出时经常和别人同住在一个房间。

　　当然，沃尔玛也有"阔气"的时候，那就是兴办公益教育事业上。山姆·沃尔顿曾先后为大学生设立了多项奖学金，而且还向美国的五所大学捐出数亿美元的教育资金。

　　不管是钱多还是钱少，都要做到"好钢用在刀刃上"，钱要花在关键之处。王永庆是这样，沃尔玛也是如此。事实上，自古以来许多成功人士大都明白勤俭的重要性，并以此要求自己。北宋著名文学家、政治家范仲淹官至参知政事，却仍保持着富不忘贫、贵而能俭的品德；明代清官海瑞死后，点其行囊，只有区区"俸金八两，葛布一端，旧衣数件"，其俭素之德，实在令人赞叹；周恩来总理以"简朴"为座右铭，成为令人敬佩的领袖。由此不难看出，节俭不光对企业，对所有人来说，都是一种美德。

马太效应：年轻时要积累必要的资本

　　在圣经《新约·马太福音》中有这样的一个故事：

　　一个国王远行前交给三个仆人每人一枚银币，并吩咐他们："你们拿着银币去做生意，等我回来时来见我。"等到国王回来时，第一个仆人说："主人，你交给我的一枚银币，我已用它赚了10枚。"于是国王奖励他10座城邑。第二个仆人说："主人，你给我的一枚银币，我已赚了5枚。"于是国王奖励了他5座城邑。第三个仆人说："主人，你给我的一枚银币，我一直放在口袋里存着，我怕弄丢，一直没有拿出来。"于是国王下令将第三个仆人的银币赏给第一个仆人，并且说："凡是少的，就连他所有的也要夺过去。凡是多的，还要给他，叫他多多益善。"

这就是所谓的马太效应。美国科学史研究者罗伯特·莫顿将"马太效应"归纳为：任何个体、群体或地区，一旦在某一个方面（如金钱、名誉、地位等）获得成功和进步，就会产生一种积累优势，并且有更多的机会取得更大的成功和进步。换句话说就是好的越好，坏的越坏，多的越多，少的越少。

马太效应普遍存在，特别是在经济领域中。例如在金融投资方面，即使投资回报率相同，一个比别人投资多1倍的人，利润也多1倍。老子的《道德经》中有一句话："天知道损有余而补不足，人之道则不然，损不足以奉有余。"这也是马太效应的一个展现。没有钱的人永远会选择最保守的方法守护住自己的财富，可惜这种做法已经不适用于这个CPI不断上涨的时代了。有钱的人会运用自己手中的钱去赚取更多的财富。于是，富者就有更多的发展机会，而穷者害怕风险，只能甘于现状。最后使得富者越富，穷者越穷。

郭涛和肖明大学毕业后应聘到了同一家电脑公司做程序开发员，两人学历一样，收入相同，可理财观念却大相径庭。郭涛的家境不错，基本上没什么后顾之忧，他的理财思路比较灵活大胆。前些年股市红火，郭涛便利用自己懂电脑的优势下载了股票分析软件，天天研究K线，并把平常积攒下来的3万元钱全部投入到了股市中。不到一年，他的股票市值就升到了7万元。后来，他见股指涨幅太大，也预感到了风险的降临，便果断卖出。这时，单位附近正好有一个新开盘的楼盘，由于当时股市红火，所以购房者甚少，最后房产商不得不降价销售，郭涛便用这7万元钱买了一套不错的商业房。几

215

年时间下来，这套房子已经升值到了近30万元。后来，他又将房产出手，将这些钱全部买成了开放式基金，结果一年的时间里又实现了20％的盈利。现在，他的经济状况十分不错，日子过得让人羡慕不已。

而肖明在理财上则十分保守，由于肖明家在农村，下面还有弟弟妹妹在读书，所以有风险的理财项目他从不敢参与。毕业这几年来，他一直把积蓄存入银行，满足于每年坐收利息。他从没有考虑到货币的贬值因素，银行储蓄1年期的年利率为2.25％，当时还在征收20％利息税，那实际存款利率就只有1.8％，如果以年均CPI（2006年全国居民消费价格总水平指数）为4％来计算，1年期存款的实际利率就为：1.8％ −4％ =−2.2％，也就是肖明的积蓄在不断"负增长"。所以现在，肖明仍然属于"穷人"，别说买房子，就连买个家用电器都要研究上好几天。

负利率使得不善理财的肖明尽尝通胀带来的苦果，辛辛苦苦积攒的家财不但没有增值反而贬了值。而善于理财的郭涛，则尽享理财果实，从而使自己的财富像滚雪球一样快速增加。

由此我们可以看出，马太效应对于领先者来说犹如一种优势的积累，当你已经取得一定的成功之后，那就更容易取得更大的成功。物竞天择，适者生存。强者随着优势不断增加，必将会有更多的机会取得更大的成功和进步。所以不想被打败的话，就要成为所在的这一领域的领头羊，并且不断壮大自己。

其实，马太效应一直左右着我们的生活，你若不因它受益，就必定会因它受损，而你的情况决定你会因它取胜还是被他摧毁。因为马太效应所暗含的原理就是"赢家通吃"，当你的资源多时，马太效应会为你服务；当你的资源少时，就难免会被这一法则压在下面。

第十一章　构建真正的富足人生

鲶鱼效应：克服懒惰让财富快速增长

　　挪威人特别喜欢吃沙丁鱼，尤其是活沙丁鱼，所以市场上活沙丁鱼的价格要比死了的沙丁鱼价格高出许多。于是渔民总是想尽各种办法让沙丁鱼活着返回港口，可是虽然经过种种努力，沙丁鱼还是大批大批地在中途因缺氧而死亡。奇怪的是有一条渔船总能让绝大多数的沙丁鱼活着回到港口。对于这点，船长一直严格保守着秘密。直到船长去世之后，谜底才被揭开。原来是船长在装满沙丁鱼的木桶里放进了一条以沙丁鱼为主要食物的鲶鱼。鲶鱼进入木桶后，由于环境陌生，便四处游动，沙丁鱼见了鲶鱼十分害怕，乱冲乱撞，四处逃窜，加速游动，这样一来沙丁鱼缺氧的问题就迎刃而解了。

这就是著名的鲶鱼效应。从中我们可以知道，沙丁鱼若是没有鲶鱼的刺激，必将很快死亡。其实，人也同样。一个人如果没有外界的刺激，就会逐渐失去斗志，养成惰性，甘于现状，不愿去努力积累财富。因此，只有把自己置身于竞争之中，从而引发应激心理，使精神处在高度紧张、亢奋的状态中，才能激发出内在的潜能。

罗素·康威尔曾说：成功的秘诀无他，不过是凡事都自我要求达到极致而已。事实上，达到极致的最佳方法就是让自己适度地紧张。所以，那些在生活中总是保持适度紧张的人，不仅可以生活得更加充实，也可以提高学习和工作的效率。

宁浩最开始时只是一名普通的推销员，刚入行时并没有多出色的成绩，每个月的工资勉强够自己的生活费。为了将自己的业绩做得更好，他每天都虚心地向那些出色的推销员学习。经过一年多的学习与努力，他总结出了一套自己的推销秘诀并拿到了推销业绩的第一名。以下便是他的经验之谈：

无论在向什么样的客户推销，推销前都要准备好可能用到的一切资料及预测客户可能提出的问题，然后他将这些问题的答案一一罗列出来，防患于未然。

见到客户后，他在认真介绍自己产品的同时，还会认真地倾听客户的问题、观点、意见等，并时刻注意客户言谈举止中的每一个细节。

推销结束后，无论是否成功，他都会总结推销过程中的经验和心得，然后把推销过程中没有解决的问题以及客户拒绝的原因纷纷列出来，并寻找最佳的解决方案，这样在下次推销的时候就会避免类似的事情发生。

最后，也是宁浩取得成功的最关键一步：使自己相信还有其他更加优秀的推销员正在与自己同时争取这个客户。正是因为有了这个假想敌，才使得宁浩时刻让自己处在不断的努力之中，从来不敢松懈。

生于忧患，死于安乐。事实上，在现实生活中，每个人获得成功的机会都是相同的。绝大部分人之所以平庸，主要的原因就是周围的环境带来了太多的安逸，使他们过于固守平庸，甘于现状。而那些有着杰出贡献的人，他们时时刻刻都会使自己处在一个适度紧张、忙碌、带有危机感的状态中，正是因为这样的压力，才激发出了他们内在的能量，最后获得成功。关于这点，医学界也证实过：如果人们时刻处在一个适度忙碌、紧张的氛围中，那他对外来各种信息的刺激就会有高度的敏感性，肾上腺也会因此分泌出大量的激素，使他产生前所未有的能量和爆发力。

适当的紧张虽是个人激发内在能量的有效措施，但是很多人往往不能够正确把握紧张度，不是放松过头，就是紧张过度。究竟我们该如何让自己处于适度的紧张状态中呢？这就要求我们在工作时要做到细心、全面，凡事多想一点，多做一点；感到疲劳的时候，可以适当地放松自己，但放松的时间要有个限度。同时，也可以为自己找一个竞争对手，这样就能避免产生惰性，让自己投入到竞争的压力中去，使自己身体中的每一根神经快速调整到紧张的状态中。

毛毛虫效应：要学会创新致富思路

法国心理学家约翰·法伯曾经做过一个著名的实验：

把许多毛毛虫放在一个花盆的边缘上，使其首尾相接，围成一圈，在花盆周围不远的地方，撒一些毛毛虫喜欢吃的松叶，毛毛虫就会一个跟着一个，绕着花盆的边缘一圈一圈地走。一小时过去了，一天过去了，又一天过去了，这些毛毛虫还是夜以继日地绕着花盆的边缘在转圈，一连走了七天七夜，它们最终因为饥饿和精疲力竭而相继死去。

后来，科学家把这种喜欢跟着前面的人走的习惯称之为跟随者习惯，把因跟随而导致失败的现象称为毛毛虫效应。

约翰·法伯在做这个实验前以为毛毛虫很快就会厌倦这种毫无意义的绕圈而转向它们比较爱吃的食物，然而，令人遗憾的是毛毛虫并没有这样做。其实，在惋惜之余，若能仔细想想便会发现，我们人类自己又何尝不是呢。

我们在工作、学习和日常生活中，面对那些经常遇到的问题，总会下意识地重复着现成的思考方向和行为模式，以至于产生了思想上的惯性，不由自主地依靠既有的经验，按固定套路去考虑问题，不愿意转个方向、换个角度，更不愿意去创新，去另辟捷径。虽然这种固有的思路和方法具有相对的稳定性和成熟性，能够缩短和简化解决问题的过程，更加顺利和便捷地处理某类事情，但与此同时，它的消极影响也不容忽视，比如容易使人盲目地遵循特定经验和习惯，放弃一些捷径和更优方案，这就在无形中浪费了很多时间和精力，也妨碍了问题的解决。而且长年累月地按照一种既定的模式去思考问题，不仅容易使人厌烦，还更容易削弱人的创造能力，影响潜能的发挥。

日本日立公司在北海道有一家专门制造电风扇的工厂，由于产品结构单一，销路一直不好，连年亏损。

有一天，该工厂的经理见当地有很多农民靠塑料大棚种植农作物，而每个大棚都需要换气用的风扇，因此就自作主张生产换气扇。

一日，日立的总裁来这里考察，看见如此"不务正业"的现象，就问是怎么回事，该经理很巧妙地回答：这也是电风扇啊！总裁也没太在意。结果若干年过去了，该工厂一跃成为日本唯一一家专营各类工业用风扇的大型厂家。

我们最该关注的不是自己到底做了多少工作，而是这些工作带来了多少成果，也就是人们常说的绩效。如果沿着一个错误的方向，总是走着从前的老路，那只会白努力。只有找到新的方向和思路，才能有更多的收获。

有一年的市场预测表明，该年的苹果将供大于求，苹果的价格会因此大幅度下跌。这使得众多的苹果经销商暗暗叫苦，他们似乎都已断定自己必将蒙受损失。可是就在大家为即将到来的损失长吁短叹时，聪明的A先生却想出了绝招。按照他的想法：如果在苹果上增加"祝福"的功能，即在苹果上印着表示喜庆与祝福的字样，如"喜"字、"福"字，就一定能卖个好价钱。

于是，当苹果还长在树上的时候，他就把提前剪好的纸样贴在了苹果朝阳的那面，由于贴了纸的地方阳光照不到，也就在苹果上留下了痕迹，比如贴的是"寿"字，苹果上就有一个清晰的"寿"字。由于这样领先于人的创意，使得他的苹果在市面上脱颖而出。结果，他理所当然地在该年度的苹果大战中独领风骚，赚了一笔大钱。

转眼到了第二年，他的创意别人也学会了，但仍然是他的苹果卖得最火，这是为什么呢？因为这次他又想了一个更妙的点子，原来，他早已将他的苹果一袋袋装好，袋子里那些有字的苹果总能组成一句甜美的祝福，如"万寿无疆""幸福美满""中秋愉快"等。就这样，人们再度慕名而至，纷纷购买他的苹果作为礼品送人。

在发展的道路上，我们遇到的每一个问题都是前所未见的，这就要求我们时时创新，转变思维。当在生活和工作中遭遇挫折或陷入停顿时，不能像毛毛虫那样做毫无意义的努力，而应该换一种方式，另辟蹊径，以便能更灵活，更有效率地工作，从而达到事半功倍的效果。

格雷欣法则：分清好钱与坏钱之间的区别

如果有这样的两位面包师：一位做的面包松软香甜，馅料十足；另一位做的面包则干硬、粗糙，缺斤少两，馅料的味道也不好，但价钱却比第一位的低一半，你认为哪一位师傅的面包会大卖呢？

答案并不一定是第一位。原因是什么呢？这就要引出格雷欣法则。

历史上很长一段时间里，人们所使用的货币并不是我们今天所看到的纸币，而是用金属打造的铸币。铸币与纸币不同的是，它本身就具有价值，即其所采用的金属的价值，而它的面值又与它本身的价值（重量和成色）有着直接的关系。因此便带来了两个问题：一是铸造的时候，不能保证每一个铸币的重量和成色都是相同的；二是在长时间的流通使用中，一定会因磨损而导致铸币的耗损。这样一来，相同面值的货币，其真实价值就会不同了。也就是说，重量轻、成色差的劣币，其实际价值就会相对低于重量足、成色好的良币。于是，实际价值较高的良币便会被普遍收藏起来，并逐步从市场上消失，最终被驱逐出流通领域，而实际价值低于法定面值的劣币就在市场上独当一面了。

16世纪时，英国经济学家格雷欣爵士发现了这个现象，并将它称之为"劣币驱逐良币"现象，后人也称它为格雷欣法则。它所指明的就是：优秀的并不总能战胜卑劣的，好的也并不一定能打败差的。在现实生活中，达尔文的"优胜劣汰"规则也会有失灵的时候。

假设有一个二手车交易市场，里面的车虽然表面上都差不多，但实际的质量却存在很大差别。卖主对自己车的质量都很清楚，而买主则没办法知道车的真实状况。假设汽车的质量由好到坏分布是比较均匀的，质量最好的可以卖到50万元，那么，买主会愿意出多少钱买一辆他不清楚状况的车呢？一般，大多数人的出价是25万元。那么，卖方会同意成交吗？显然，价值50万元的"好车"的主人是不会将车在这个市场上出售的。由此一来，整个市场便进入了恶性循环，直到买主发现有一半的车退出了市场后，他们就会判断剩下的都是中等质量以下的车了。于是，买主的出价就会降至15万元，而卖主对此的反应是再次将价值高于15万元的车退出市场。由此下去，市场上的"好车"就会越来越少，最终被质量较差的车驱逐出市场。这样一来，也导致了这个二手车交易市场的瓦解。

在这里，人们做出的都是"逆向选择"，这种现象产生的原因就在于信息的不对称，同样的情况在人才市场上也大量存在着。应聘者往往比雇主更清楚自身的实力，假设市场上有两个应聘者——"高效者"和"低能者"，两个人都积极地向雇主传递自己实力很强的信息，尤其是"低能者"想尽办法把自己伪装成一个"高效者"。这时候，毕业院校的知名度和教育程度就成为一种较为客观的衡量工具。通常情况下，大家都会认为那些毕业于名牌大学的人要比普通学校的学生更有能力，也更聪明。然而实际上，高学历并不能代表着高能力，名牌大学有时候也会出现"低能者"，但是在没有更好的选择情况下，雇主们只能相信学历和院校所传递的信息了。这样，就把一些"良币"驱逐出境了。

意大利的一位著名作家曾说过这样的一句话："在一个人人都在偷窃的国家里，唯一不去偷窃的人就会成为众矢之的，成为被攻击的目标。"仔细想想，不难理解。就像在一群白兔之间突然多出一只灰兔，就会被大家看作异类，驱逐出境。这位博士也正是如此，虽然他很有能力，但因为没能"融入"大家，坚持了自己的原则，才被解雇。我们不禁很遗憾，这么优秀的人才，却偏偏做了格雷欣法则中的"良币"，被淘汰出局。可有些时候现实就是如此，劣未必会败，优也不一定能胜；插队的人总是能捷足先登，排队的人总是最后才被挤上车；不受贿、贪污的人只能受排挤，吃力不讨好，即使不干涉他人想要独善其身也是很困难的。可以说，社会中，违背"优胜劣汰"的例子比比皆是。

在一个缺乏健全体制和良好秩序的环境里，稗子战胜水稻，劣币驱逐良币，带给社会的会是什么呢？这是个值得我们每一个人深思的问题。

羊群效应：你是理性投资者吗

心理学家曾做过一个实验：在一群羊前面横放一根木棍，第一只羊跳了过去，第二只、第三只也会跟着跳过去。这时，如果把那根棍子撤走，后面的羊走到这个位置时，仍然会像前面的羊一样向上跳一下，这就是所谓的羊群效应，也称从众心理。它是指由于对信息缺乏了解，投资者很难对市场做出合理的预期，往往是通过观察周围人群的行为而获得信息，在这样的信息传递过程中，许多人得到的信息将大致相同且彼此强化，从而产生从众行为。

在资本市场上，羊群效应是一种盲目的非理性行为。投资者往往会因为不明状况，而盲目地模仿他人，或者过度依赖舆论，而不考虑自己的实际情况。

高伟在股市中混迹多年，总是赔得多、赚得少，对此他很是不解。

"从前，我比较相信自己的选股眼光，我挑选的一般都是那种行业龙头股票，觉得这样的股票比较稳健、安全。可是稳归稳，要想让这样的股票迅

第十一章 构建真正的富足人生

> 这个股，真的能赚钱吗？投资，需要理性的判断！

速拉升、大赚，并不容易。看到别人买的股票迅速盈利，我也按捺不住了。每次单位的投资高手们提到自己最近投资了哪些股票时，我都会牢牢记在心里，回到家就把这些股票加入到'自选股'里，第二天就猛'杀'进场。我所信奉的原则就是'宁可犯错，也不能错过'。不过，让我不能理解的是，结果总是不尽如人意。明明是涨得不错的股票，怎么我一买进就开始板块轮动，下跌调整了呢？"

股市可谓是羊群效应的多发地。暴涨暴跌的股市，让很多人以为那里遍地是黄金，其实如果你不能时刻保持清醒、不够理性的话，那里充满了风险。有一些人盲目地崇拜理财高手，随后就模仿他们。但事实上对于处在市场劣势的散户来说，要想成功跑赢机构和大盘并不那么简单。很多在

225

公开场合吹嘘自己的投资如何成功的人,往往截取的只是自己一部分成功投资的"亮点"在大家面前炫耀。因此,如果当你遇到这样的情况,切勿因为这些所谓投资高手的只言片语就觉得别人总是赚钱比自己多,赚钱比自己快,而影响了自己的正常心态。

再拿楼市来说,开发商们深谙羊群效应助涨房价之道,因此,他们总会在新楼开盘前雇人排队伪装买房,有些开发商还故意"捂盘"囤积楼盘,制造市场供不应求的假象,还有的开发商通过各类虚假广告、宣传单等不透明信息发布预期上涨的谣言。这些开发商们刻意营造紧张气氛,在消费者中传递房价即将上涨的信息,使得人们在羊群效应作用下出手买进。如此的消费者群体性购买行为加上开发商顺势的涨价行为,便又进一步加剧了还在犹豫者的"不买还要涨"的恐慌心理。随后,人们不愿意看到的事发生了:房价开始不断飙升。

由此,我们可以看出,心理效应往往在潜移默化中影响了投资者的投资行为。那么如何使我们保持清醒,尽量避免羊群效应对我们产生不良的影响呢?一般而言,投资人可以结合自身的风险承受能力、目前所处年龄阶段、家庭经济状况加以综合考虑。所谓"知人者智,知己者明",投资者只有更全面地了解自身,才能不被投资过程中的心理效应干扰,实现最优化的投资目标。

智猪博弈:守株待兔未必是错的

有一头大猪和一头小猪生活在同一个猪舍里,共用一个食槽。食槽的一头有一个控制猪饲料供应的按钮,只要猪用嘴一拱,食槽的另一侧就会掉下猪饲料。若是小猪去启动按钮,那大猪就会在小猪跑到食槽之前吃光所有的食物;但若是大猪去启动按钮,则还有机会在小猪吃完落下的食物之前跑到食槽,抢一点残羹吃。那么,两只猪各会采取什么策略呢?结果只可能是一种:小猪舒舒服服地趴在食槽边等食物落下来,而大猪则为一点残羹不知疲倦地往返于按钮和食槽之间。

为什么大猪会让小猪坐享其成呢?因为对小猪而言,如果自己去启动按钮,结果只有一种一无所得;如果不去,结果就有两种:一是大猪去启动按钮,自己不劳而获;二是大猪也不去,双方耗到底,大家一起饿死,这与小猪自己去启动按钮的结果是一样的。因此,小猪一定不会去启动按钮。反过来,对大猪而言,如果小猪去启动那是最好不过了,但如果小猪不去启动,那自己就必须去启动,因为大猪的体力消耗比小猪多,如果干耗着肯定耗不过小猪。最终,只能是大猪去启动按钮,并迅速跑回来抢一点残羹吃,至少不会饿死。

这就是博弈论中的智猪博弈理论。在这个理论中,大猪没有占优策略,而小猪有占优策略,所以小猪的最佳选择就是耐心等待大猪去启动按钮。这也反映出了目前社会中最为常见的一种现象——搭便车,小猪就是"搭便车者"。

许多人并未读过"智猪博弈"的故事,但在生活中却还是自觉地使用了小猪的策略,也就是成为"搭便车者"。比如股市上等待庄家抬轿的散户们;市场上等待产业中出现具有赢利能力的新产品,继而大举仿制、牟取暴利的游资;公司里不创造效益但却分享成果、不劳而获的人等。

在职场中,智猪博弈的例子也十分常见。在一个企业团队中,利益都是集体的,那么弱者(小猪)即使努力工作所能换来的团队业绩和利益也是有限的,也并不见得会得到别人的认同,那么弱者就会选择等待、浑水摸鱼;而强者(大猪)为了得到别人的认同和更多的利益,只能选择努力劳动来提高业绩，而所得的成果又不得不与弱者共同分享。在这种利益均分制度下，难免有人会像例子中的小猪一样，即使偷懒仍然能有东西吃，因为有其他人在努力。虽然这在道德上说不过去，但却是一种理智的行为。

再比如在我们应聘工作时，智猪博弈论的心理策略也会时常发生作用。

有一所知名大学面向社会公开招聘两名教师，分别负责社会学和新闻学的教学工作。招聘初期，应聘者甚多，竞争异常激烈。最后，在经过笔试、面试、复试的层层筛选后，仅有两名教师甲和乙顺利入围。学校规定，社会学的教师月工资是8000元，而新闻学教师的工资是5000元。而由于两人都有社会学和新闻学的双学位，所以两个人都想当社会学的老师。现在的情况是，甲的社会学教学经验优于乙，笔试的成绩也略高于乙，以正常的情况看，甲肯定会顺理成章地担任社会学教师，甲对此也颇有信心。在和学校交流的时候，甲除了详谈了自己的教学能力之外，为了证明自己的能力和才华，还谈起了自己新闻学的教学经历。而乙在谈完自己社会学的教学工作后，就开始否认自己新闻学的教学能力，甚至还刻意贬低自己在这方面的造诣，并说明自己如果教授新闻学怕是会误人子弟了。就这样，乙顺利地当了社会学老师，而甲只能当新闻学老师。

结果为什么会是这样呢？这就要用智猪博弈论来分析了。由于乙声称自己在新闻学上的能力不足，也就只能让他从事社会学了。甲属于两项都没问题的全才，那么从事新闻学也就无所谓了。这样，甲就在无意当中变成了实力较强的"大猪"，让实力有所欠缺的"小猪"乙得到了便宜。

大猪奔波忙碌，小猪却不劳而获。智猪博弈是一种心理上的谋略，由此，我们可以得出，守株待兔未必是错的。

第十二章

瞬间抓住客户的心

销售人员最大的梦想就是成功地将自己手中的商品推销给客户,可是,你知道客户此时正在想什么吗?如果你的答案是不知道,那你就有必要试着打开客户的心门,走进他的内心世界探个究竟。只有了解了客户此时在想什么,你才能够瞬间抓住客户的心,成为真正的销售大赢家!

二选一法则：留住客户的秘诀

某街角处有一家拉面馆，除了拉面之外，店铺老板还为客人备有茶叶蛋，客人在吃拉面的同时，可以选择是否放茶叶蛋。当然，老板为了增加收入，特别希望每个客人在吃拉面时都放上一个或是两个鸡蛋。

店里有两个年轻漂亮的女服务员，她们工作起来都卖力。但是令老板感到奇怪的是，其中的一个总是能让顾客高兴地答应在自己的面碗里放一个或是两个鸡蛋，而另一个接待的客户，则几乎没有人愿意放鸡蛋。

老板很清楚，不可能那么巧合，一位接待的顾客都是喜欢吃鸡蛋的，而另一位接待的则都是不愿意吃鸡蛋的。于是，他决定弄个究竟。

> 先生，您是需要一个鸡蛋，还是两个？

结果他发现，奥秘就在她们接待客户时的开场白里。"您好，你需要一个鸡蛋，还是两个鸡蛋？"于是，客户很自然地回答了"一个"或是"两个"。而另一个卖不出鸡蛋的服务员则总是问道："您需要加鸡蛋吗？"于是，大部分人回答了"不需要"。

这就是心理学上的二选一法则。那个卖不出鸡蛋的服务员，她给顾客的选择是"需要"或者"不需要"，于是大部分人选择了"不需要"。而那个可以卖给顾客鸡蛋的服务员，她给出的选择则是"一个"或者"两个"，于是顾客没有了选择"不需要"的权利，因此，她顺利地卖出了鸡蛋。

很显然，二选一法则很容易让销售人员占有主动权。它在很大程度上缩小了客户的挑选范围，而且范围往往缩小到只有"买"的选择。因此，客户顺理成章地答应了他的请求。

王小玮在一家汽车销售行做销售员。一次，他在向一位客户介绍完汽车的性能、价位之后，客户仍旧迟疑不决，不肯买单。根据自己多年的销售经验，王小玮知道现在差的只是临门一脚，无论如何，他都不能在这个时候放弃，否则，就会前功尽弃。

"先生，是喜欢四个门的，还是两个门的呢？"王小玮问道。

"当然是四个门的，比较方便。"

"那先生更加钟情于黑色，还是红色？"

"黑色，男人喜欢黑色，比较稳重嘛！"

"那您的车底部需要涂防锈层吗？"

"当然要涂。"

"需要染色玻璃吗？"

"最好是染色的。"

"那车胎需要白圈吗？"

"这个倒大可不必。"

231

"那您看是10月1号给您送货,还是10月2好呢?"

"最好是10月1号。"

"好的,先生,请您在这张订单上签上您的名字,您的爱车最迟将在10月1号晚8点送到您的家中。"

就这样,王小玮签下了漂亮的一单。

王小玮之所以能够在客户犹豫不决的时候还能够签下很漂亮的一单,正是因为他运用了销售心理学上的二选一法则。运用二选一法则,可以让你成功地主导顾客的思维,这样一来,顾客就很容易随着你的思路走,因此,成交的概率就会大大增加。

日常生活中,我们也一定会有这样的感触,当销售人员问我们是喜欢红色还是白色时,我们很容易随着他的思维做出回答,而回答"不需要"的概率就会大大降低。当然,有些顾客在你这么一问后,还会重新把问题抛过来,比如,有的顾客经你这样一问,他就会说:"你觉得我更适合哪种颜色呢?"因此,二选一法则还是需要一定的使用条件的,只有当你了解了顾客大体的爱好、风格后,你才可以对症下药,问他是喜欢"白色",还是"红色"。倘若顾客刚一进门,你上来就问:"喜欢白色,还是红色?"顾客一定会丈二和尚摸不着头脑。因此,在销售的过程中,一定要清醒地认识到,使用二选一法则是为了巧妙地避开客户说"不",而不是主宰客户的意志,帮助客户做出选择。

奥美定律：视客户为自己的上帝

美国奥美广告公司曾提出著名的"服务顾客至上，追求利润次之"的理念。这一理念的核心就是要把客户当做上帝，了解他们的需求，抓住他们的心。只有照顾好自己的客户，客户才能反过来照顾自己的生意，而生意只有不失顾客的青睐，才能做得长久。这一理念被称为奥美定律。

"奥美定律"的核心归结起来就是一句话：顾客是上帝。销售行业有着它的潜规则，竞争是这个行业不变的铁律。如今，计划经济时代早已远去，取而代之的是市场经济时代。市场经济时代，大家竞争的不但是商品质量，还有服务的理念。要清楚地认识到，只有站在客户的角度，想其所想，做其所做，才能真正笼络客户的心。倘若你的目标只是把今天的业务做成，至于其他的则不管不顾，那样的生意自然不会长久。

懂得"奥美定律"的企业或是个人，总是能让销售的路越走越宽，他们懂得如何跟自己的客户打交道，让客户为自己介绍客户，最终让自己立于不败之地。而那些目光短浅的企业或是个人则只看重眼前的利益，让销售的路越走越窄。

如今遍布全球的沃尔玛连锁超市曾经只是一家默默无名的小商场。沃尔玛在成立之初就建立了"顾客至上"的营销理念，其核心就是以薄利让顾客受益，以优质的服务让顾客满意。

只要你走进任何一家沃尔玛连锁超市，你都会发现"天天廉价"的字样。为了实现"天天廉价"的战略目标，沃尔玛使用了一个最为有效的方法，就是减少中间环节，直接从工厂配货，这些货物到达配货中心后，根据各个分店的需求就地进行筛选、重新打包。这种几乎近似于"零库存"的做法，为沃尔玛节省掉了很多的中间环节，大大地缩减了开支。

沃尔玛节省下来的开支并没有直接装入自己的腰包，而是反馈于自己的顾客，实现了"天天廉价"的承诺。这样一来，同样的商品，沃尔玛的标价却大大低于其他的超市。于是，沃尔玛在价格上打了胜仗，顾客更加信赖沃尔玛。

沃尔玛除了商品价格占有优势外，其服务在同行业也是一流的。在沃尔玛飞速发展的十几年时间里，他们一直信奉"可能的最佳服务"。其创始人沃尔顿曾要求自己的职员做到："当顾客距离你十英尺的位置，你要温和地看着对方的眼睛，并面带真诚的微笑打招呼并询问对方是否需要帮助。"

沃尔顿"十英尺态度"至今仍被沃尔玛人奉为圭臬。

沃尔玛之所以成功，正是由于懂得奥美定律，把顾客奉为上帝。以销售为主的行业，谁占有更多的顾客份额，谁就占有了市场。因此，要想让自己的企业在竞争激烈的销售行业站稳脚跟，就一定要懂得站在客户的立场思考问题，只有为客户提供最为有用的产品和最为优质的服务，才能"俘虏"客户的心，最终给自己的企业带来效益。

张华已经在服装业做了两年的销售，但她大学的专业却跟销售不沾边，毕业起初做销售是迫于就业的压力，因为销售这个行业相对门槛较低。

张华开朗、喜欢与人说笑这一性格在工作上发挥了不可估量的作用。

"说实话，我没打算买衣服的，看你小姑娘很亲切，那我就带一件吧！"张华卖出第一件衣服时别提多高兴了。这也似乎给了她一个信号，要想有生意做，就要让顾客高高兴兴的。

逐渐地，张华总是能在最短的时间内，捕捉到顾客的需求、爱好等信息。接下来，张华就会有所侧重地推荐自己的商品。张华的性格非常乐观，即使顾客挑看了半天，最终没有买下，她仍旧满脸微笑地欢送。

用她自己的话说，顾客是自己的财神爷，万万不可得罪，得罪顾客，无疑就是在砸自己的饭碗。因此，张华奉行着"顾客就是上帝"的原则，真诚地对待每一位顾客。久而久之，她的顾客群越来越多，很多人都是直接来找她，倘若她不在，就不会买衣服。

短短的两年时间里，张华已经做到了销售主管的位置，但她"顾客就是上帝"的原则则始终如一地坚持着。

张华成功的秘诀，很显然，就是视顾客为上帝，把顾客视为上帝，在此基础上再去追求利润。作为一名销售人员，利润固然重要，但追求利润，也要讲究方法。利润跟自己的商品、服务是密不可分的，只有提供质量上乘的商品和优质的服务才能赢得客户的信赖，而这种信赖则是利润产生的根源。因此，要想成为销售大赢家，你就要学会销售心理学上的奥美定律。

250定律：推销商品前先推销自己

销售心理学上的250定律指的是，每一个人的背后都有着250个亲朋好友，作为销售人员，倘若你能够成功地将自己"推销"给一个顾客，那就等于把自己推销给了另外的250个人。在肯定你的前提下，顾客也就更容易接受你的商品。因此，这种通过推销自己而推销商品的过程，就是符合了销售心理学上的250定律。

世界上最伟大的推销员乔·吉拉德曾经说过："推销的重点不是推销商品，而是推销你自己。"吉拉德曾在15年中共销售13001辆汽车，平均每天就可以销售近 3 辆车，这项记录被收入《吉尼斯世界纪录大全》。吉拉德的这项记录，迄今为止无人打破。正因如此，他当之无愧地被称为"世界上最伟大的推销员"。

乔·吉拉德不但是出色的推销员，他还是闻名于世的演讲大师。他曾在演讲中说道："推销没有秘诀，我只是用我的方式成功。"

尽管吉拉德一直说自己的成功没有秘诀，但他在多次的演讲中还是把自己的成功秘诀抖落了出来："在推销商品前，先推销你自己！"吉拉德把自己所有客户的档案都储存起来，他每月都会按照这些资料发出1.6万张卡片。

但需要指出的是，这些人当中大部分不是他的客户，很多都只是一面之交，但他这么做，目的就是为了让他们记住自己，在他们的生活里留下自己的痕迹。吉拉德的这些通过邮箱发给对方的卡片，完全不同于那些"垃圾邮件"，因为它们充满爱，他每天都在借助这样的方式发出爱的信息。他的这套客户服务系统，先后被世界500强公司中的许多公司效仿。

除此之外，吉拉德在一切有可能的地方放上自己的名片，目的很简单，就是为了推销自己。"给人一张名片，就给了人们一种选择。他可以顺手把它丢掉，他也可以留下，知道我是做什么的、卖什么的，必要时可以跟我联系。"

因此，吉拉德的成功正是因为他在推销自己的商品前，先推销了他自己！

吉拉德不是天生的大赢家，但是，后来的他却成为世界上最著名的推销员。

之所以如此，正是因为吉拉德成功地推销了他自己。他不止一次地说过，他和大家没有两样，也只不过是一名再普通不过的推销员，但无论如何，吉拉德还是通过自己的方式获取了成功。如今，他的销售理念已经成为一种文化。倘若让你去赶超吉拉德，听起来不太现实。但是，学习吉拉德"推销自己"的销售理念会让你大受裨益。懂得推销自己比推销产品更重要。

如今，陈艳在一家房地产公司任销售主管，但陈艳踏入这个行业也不过是两年的时间，而且她还是"半路出家"。起初，她只是任文员。一次由于销售部的同事都有事外出了，于是领导让她暂时顶替带客户去看房。结果，陈艳居然出乎意料地卖出了一套楼房。

这么一来，陈艳那颗萌动的心再也不甘心于枯燥的文员工作了，于是，她提出申请调到了销售部。

但是，领导一直觉得陈艳那次的业绩纯属偶然，于是把一直没有销量的军产房给她试手。众所周知，军产房由于没有房地产权，尽管具有价格优势，但是由于不能自由转让，所以消费者望而却步。

谁知，半年后陈艳的业绩让老总目瞪口呆，她不但提前完成了销售计划，还创下了月均销售 6 套的记录。

这样一来，很多人都想着"偷师学艺"。可是，让大家感到奇怪的是，陈艳在跟客户交流的过程中，经常会说出此楼盘是如何如何不好的的话，而且她对客户提出的非议，有时还会表示认同。

俗话说："卖瓜的不说瓜苦。"陈艳的做法，着实让很多人丈二和尚摸不着头脑。后来，经陈艳一说，他们才恍然大悟。

原来，陈艳售楼的"秘籍"就是首先要推销自己，她之所以表示认同客户的观点，说自己的楼房有什么样的缺点，完全是为了让客户先信任于她，接下来她才会不失时机地说出房子的优点。

陈艳还说，她总是把客户当作自己的朋友，将房子的优势和不足一五一十地讲给客户，然后根据客户的需求帮他做出选择。她坚决反对售楼人员将楼盘吹得天花乱坠，她说那样总给人不实在的感觉。一旦你在客户的心中留下"不实在"的印象，客户也就理所当然地拒绝你了。

作为销售人员，你一定切记，无论自己多么渴望把东西卖给客户，都要学会"深藏不露"。客户不是傻子，他们有自己的判断力，甚至他们比销售人员更懂得"没有完美商品"的道理。因此，你把商品说得天花乱坠、毫无缺点，反而给客户一种不真实感，进而认为你的目的只是想从他的腰包里掏钱。这样一来，换作是你也会心中不悦，所以导致生意失败。

通常情况下，客户更清楚自己需要什么样的商品，即便他们一时犹豫不决，作为销售人员的你也同样要站在他们的立场上，帮他们分析问题，并辅佐他们作出选择。只有打动了客户，让客户感觉此时不买将成遗憾时，客户才会心甘情愿地掏腰包。

同时，必须清楚地认识到，能够让客户心甘情愿掏腰包，除了商品本身的吸引力外，更重要的就是销售人员的人格魅力。倘若销售员能够把握客户的心理，将自己推销给客户，那么生意也就随之成功了。因此，作为销售人员，在推销你的商品前，一定要学会推销你自己。

名片效应：让客户对你过目不忘

提及名片，人们并不陌生，它是一种用来介绍人们基本信息的卡片，其中以个人信息为主要内容，包括身份、职业、联系方式等。心理学上的"名片效应"，就是根据名片在交际中的作用引申而来，指的是，在交际的过程中，倘若想让对方接受自己的观点、态度，就要视对方与自己为一体。

与人交往的过程中，如果首先表明自己与对方的态度、价值观相同，就会很容易让对方产生亲近感，感觉你与他有很多的相似之处，从而很快缩小彼此间的心理距离，建立良好的人际关系。正是因为有意识、有目的地向对方所表明的态度和观点如同名片一样把自己介绍给对方，因此，该行为被称为名片效应。

里根在美利坚合众国总统选举的竞逐中，为了更好地为自己拉选票，他总是平易近人，给各个党派的选民递出了"心理名片"。

里根曾经在向一群意大利血统的美国人讲话时说："每当我想到意大利人的家庭时，我总是想到温暖的厨房，以及更为温暖的爱。"

接着，里根讲了这样一个幽默笑话："有这么一家人，多年来，他们一直住在一套非常狭小的公寓里，全家人最大的心愿莫过于搬到一处大房子，每个人都拥有自己的房间。终于，他们决定迁到乡下一座大房子里去。这时，一位朋友问这家一个12岁的小男孩托尼：'喜欢你的新居吗？''非常喜欢，因为从此我有了自己的房间，我的兄弟姐妹他们也都有了自己的房间。只是可怜的妈妈，她还是和爸爸住一个房间'。"

此语一出，笑倒了一大片人，但是人们从他的笑话里听出了别的含义，人们认为他会是一位非常幽默、智慧且富有同情心的总统。于是，他们决定随从。

一个笑话何以有这么大的魔力，让一大群持有观望态度的选民倒戈相向？这是因为笑话明显地拉近了里根与选民的心理距离，他结合当时美国的政治环境，通过一则笑话表明自己跟选民之间一致的态度、价值观，有效地推销了自己。于是，里根成功了。

里根的成功，很显然是巧妙地运用了心理学上的名片效应。但是，名片效应的产生，需要特定的心理环境。只有善于捕捉信息，在把握了对方的真实态度以及价值观、人生观后，才能寻找到一张有效的名片。倘若你对对方一无所知，名片效应是不具备产生的条件的。

在把握了对方的一些信息后，还要善于寻找时机，恰到好处地向对方出示自己的"名片"。只有当对方喜欢你这张"名片"时，你才可以达到目标。做销售也是一个与人打交道的过程。倘若你能够适时地递出一张"心理名片"，你的销售做起来就会更加得心应手。

一位年轻的销售员，在忙碌了几个月后依然业绩平平，领导开始给他白眼，他也开始怀疑自己的销售能力。他每天不辞辛苦，早出晚归，可是，无论他怎么努力，也无论他怎么苦口婆心，客户就是不买他的账。

一天清早他刚刚走进电梯，就看到一个中年人急急忙忙地跑过来，于是，他在电梯里耐心地等待了一会儿。中年人在打电话，上了电梯后用眼神表示感谢，他则微微点头一笑。很快，25楼到了，他径直走向自己的办公室，中年人则站在电梯口继续打电话。

几分钟后，有人敲门，他打开门一看，正是刚才电梯里打电话的中年人。他先是一怔，经询问才知道，这位中年人正好是他的一个客户，是从南方赶来进行实地考察的。

年轻的销售员一边寒暄，一边在脑海里盘算着怎样与对方接触。他一改先前极力推荐商品的作风，从对方感兴趣、担心的问题打开话题。最终，中年人很痛快地在合同书上签了字，而且那一单生意绝对不是小数字。

原来，销售员在中年人打电话的时候无意听到，他以前在采购的时候吃了不少亏，现在选择合作伙伴时很慎重。于是销售员调整了战略，并没有一开口就聊到自己的商品，而是聊一些对方关心的问题。接着，双方都表示自己跟对方有着同样的感触。渐渐地，两人的谈话轻松起来。

销售员这次的销售之所以成功，正是得益于他无意听来的信息。根据信息，他及时地捕捉到了对方的观点、想法，于是他敏捷地调整了自己的销售战略，把对方更加容易接受的"名片"展现在了对方的眼前。这样一来，在心理上拉近了彼此间的距离。一旦两个人的观点、思想比较相近时，心理上的距离就会大大缩小，这样接触起来就会更容易产生情投意合的感觉。跟与自己情投意合的人做生意，显然会容易很多倍，省去很多不必要的麻烦，这正是"名片效应"的作用。因此，在销售的过程中，积极、有效地把握客户的心理，并及时地递出自己的"心理名片"，是销售成功的有力保证。

登门槛效应：先得寸，再进尺

社会心理学家弗里德曼在20世纪60年代曾做过一个著名的实验。实验的第一步，是让几名大学生志愿者先到居民楼里通知各家各户的家庭主妇，希望她们能够支持"安全委员会"的工作，并要求她们在一份呼吁安全驾驶的请愿书上签名。

实验的第一步很成功，开门的家庭妇女们几乎全部同意了这个小小的要求。两周后，由原先的几名大学生实验者重新找到这些主妇，问能否在她们的前院立一块不太美观的大告示牌，上面写着"谨慎驾驶"四个大字。

实验结果表明，起先在请愿书上签过名的人，大部分同意了这个请求，同意人数的比例在55%以上。而那些没有签过名的主妇，只有不足17%的人接受了这个请求。

这个实验验证的就是社会心理学的登门槛效应。登门槛效应，又被称为得寸进尺效应，是指当一个人先接受了一个小小的要求后，为保持其形象的一致性，他就极有可能接受更高一层次的要求。这就犹如人们登门槛时一样，只有一级台阶一级台阶地登，才能顺利地到达高处。

一个人接受一个小的要求后，往往更容易接受一个更大的要求，从心理学的角度来解释这一心理现象，就是人们为了维持自己在别人心目中形

心理学与生活
让你受益一生的 88 个心理学定律

象的一致。这就好比那些同意在请愿书上签字的家庭主妇们，既然签了字，那就等于向志愿者表明自己是一个有着较高素养、懂得"安全驾驶"重要性、有觉悟的人。因此，当志愿者"得寸进尺"地提出更高一层的"树立牌子"的要求时，她们显然不好意思拒绝。如果拒绝，不但让对方失望，更重要的是，自己在对方心目中已经树立起来的"好形象"就会被推翻。因此，她们大部分接受了志愿者的请求。

登门槛效应运用在销售上，也同样发挥着作用，推销员经常使用这种技巧来说服顾客购买他的商品。聪明的推销员从不直接向顾客推销自己的商品，而是提出一个人们更容易、更乐意接受的小要求，从而一步步地达成自己的推销目的。

其实，对于推销员来讲，最难的并不是推销商品，因为他们对自己的商品早已了如指掌，对相关的知识也早已滚瓜烂熟，对于他们来说，最难的是如何开始推销自己的商品。作为一名销售人员，如果你能顺利地进入客户的家里，或是顺利地让顾客走进你的店铺，那你就已经成功了一半，接下来生意是否成功就是你的销售技巧问题了。

李丹在一家服装公司做销售有一段时间了，而且业绩一直很不错，连着两年销售量遥遥领先，公司领导非常器重她。同事们都称李丹眼尖，什么样的顾客买衣服，什么样的顾客不买衣服，李丹一眼就能看出来。对此，李丹总是笑而不语。

每当同事们追着李丹"取经"的时候，李丹总是笑着说："每个人销售的方式不一样，关键是要找到适合自己的方式。"

其实，李丹做销售还真没什么特别之处，只是她懂得把握顾客的心理，只要顾客对标签的价钱皱起眉头时，她总是说："您先试下衣服，穿在身上感受一下，然后再做决定。"

李丹一边说着，一边帮客户挑选衣服的颜色、款式。顾客把衣服穿上后，李丹总是不忘真诚地褒扬一番，并周到地为其服务。在这种情况下再劝其买下时，很多顾客往往是"骑虎难下"，只能买下衣服。

时间一久李丹发现，那些答应试衣服的顾客总是比那些不同意试衣服的顾客更容易买单。于是，李丹每次在劝说顾客买衣服前，她总是先劝说顾客试试看。

李丹的成功，正是因为她掌握了心理学上的登门槛效应。相对于买衣服的要求，顾客总是更容易答应试衣服的要求。

一下子向别人提出一个较大的要求，人们总是很难接受，而如果逐步提出要求，并不断缩小与较大要求的差距，人们则比较容易接受。这是因为人们都希望给别人留下前后一致的好印象，而不是希望别人把自己看作前后不一、变化莫测的人。于是"登门槛效应"发挥了作用。因此，懂得"登门槛效应"是非常必要，也是非常有效的。

从众心理：制造商品热销的气氛

从众心理可以形象地称为"随大流"。它讲的是，个人由于受到他人行为的影响，在自己的判断、认知和行为上表现出符合多数人的行为方式。人们的从众心理是普遍存在的心理现象。

美国人詹姆斯·瑟伯有一段十分传神的文字，描述的就是人们的从众心理。这段文字是这样记载的："突然，一个人向东跑了起来。他之所以这么做，很有可能是猛然想起了与情人的约会，现在发现时间已经来不及了，也很有可能是猛然想起其他重要的事情。总而言之，他在大街上开始向东跑

243

了起来。这时，另一个人也跑了起来，他很可能是位兴致勃勃的报童。接着，第三个人开始跑了起来，他像是一个有急事的胖胖的绅士……十分钟后，这条大街上所有的人开始向东奔跑。嘈杂的声音逐渐清晰了，人们听清楚了'决堤'这个词。'决堤了！'这充满恐怖的声音，可能是电车上一位老妇人喊的，或许是一个交通警察说的，也可能是一个男孩子说的。没有人知道声音到底来自哪里，也没有人知道到底发生了什么事。总而言之，两千多人都突然跟着奔逃起来。'向东！'人群喊叫了起来，因为人们潜意识里晓得，东边远离大河，东边更安全。'向东去！向东去！'"

很显然，这段文字体现出人们的从众心理。看到别人奔跑，自己也就不由自主地奔跑起来，至于原因却无从知晓。从众心理表现在生活中的方方面面。很多人不愿意打破常规，即使发现别人的观点、行为是错误的，也不愿意公布自己已经发现的正确的观点、见解，这也是从众心理在作怪。

福尔顿是一名著名的物理学家，他测量出了固体氦的热传导度。由于他运用的是全新的测量方法，测量出的结果比按照传统理论计算的数字足足高出500倍，这让他大吃一惊。

惊喜之余，福尔顿感到很为难，因为差距太大了，如果公布出去，难免会被人视为故意标新立异、哗众取宠。他左思右想后，决定先不声张。

不久后，美国一位年轻的科学家在实验过程中也运用同样的测量方法测出了固体氦的热传导度，其结果跟福尔顿的完全一致。但是，这位年轻的科学家在发现了这一差距后很快就公布了自己的测量结果。

消息一经传出，很快在科学界引起了轰动，这一测量结果备受关注，并最终被得到证实和认可，年轻的科学家一举成名。

福尔顿在自己的日记里追悔莫及地感叹道："'习惯的帽子'让我不敢正视新的成就，否则那个年轻人绝不可能抢走原本属于我的荣誉。"

福尔顿所谓"习惯的帽子",正是一种从众心理。心理学家研究表明,大部分人都有从众心理。倘若人们对这一心理现象加以正面的利用,则可以得到意外的效果。其实,很多商业广告就是利用人们的从众心理,把自己的商品炒热,从而达到顾客争相购买的目的。作为销售人员,也同样可以利用人们的从众心理,让自己的商品成为畅销品。

李强新到一家家电公司任销售总监,半年下来,销量极其不乐观,甚至出现严重的亏损。身为销售总监,李强很明白自己的商品质量很不错,但是由于公司规模中等,后期的广告投入的力度不是很大,商品的销量自然而然地也就落了后。

李强很明白公司老板高薪聘请自己的用意,正所谓"新官上任三把火",自己无论如何也要打好第一枪。但是,李强心中非常明白,跟其他的大品牌死磕下去,他们公司的商品显然不占优势。

经过一番市场调研后,李强终于找到了策略,很快调整了整体销售战略。他召集各个商场的负责人到公司开会,让每个商场的负责人联系商场工作人员配合每周末6折优惠大酬宾的活动。

此外,李强亲自带领下属在有自己商品的商场里面举行每周一次的销售会,他把重点放在了"造声势"上,现场配上了音响、彩灯等。

李强的这一做法很吸引人们的眼球,很多人争先恐后地想上前去看个究竟。慢慢地,有人开始下单。令李强喜出望外的是,见到有一两个人开始下单,其他的人也都跟着行动起来。

事实证明,李强的做法很成功,不仅提高了销量,最重要的是他还借助这一行动提高了他们公司的商品的知名度。一段时间过后,他们公司的商品多了很多的回头客,亏损的局面开始扭转。

李强的成功正是得益于他成功地运用了人们的从众心理,从而制造出了产品的抢购热潮。当然,销售人员利用人们的从众心理提高自己的效益

245

固然没有错，但必须清醒地认识到，利用人们的从众心理故意虚张声势、欺骗消费者的行为是不可取的。

此外，还要提醒那些容易从众的人们，一定要清醒地认识到，任何时候不加分析地跟从，或者是毫无判断地随大流，都是一种"盲从"行为。遇事要多一些独立思考的精神，少一些盲目从众行为，避免上当受骗。

第十三章

做有准备的成功者

　　机遇属于有准备的人,成功亦青睐那些准备好的人。成功是由无数次的失败累积而成,这个世界上根本不存在没有经历过失败的成功。失败是一笔财富,成功需要积累。只有那些遇到失败毫不动摇的人,才能最终取得成功。从现在开始学习成功心理学,让自己做一个有准备的成功者。

吸引力法则：把成功吸过来

吸引力法则，又称吸引定律，是心理学上著名的定律，是由励志书籍《秘密》普及开来的。那么，到底什么是吸引力法则呢？简言之就是：同频共振，同类相吸。也就是说，我们的思想、情感、语言、行动结合在一起后的能量将会吸引与其相同的能量，即积极能量吸引积极能量，而消极的能量吸引消极能量。

俗话说：物以类聚，人以群分。看一个人身边的朋友就可以对这个人粗略地有几分了解，倘若一个人的身边尽是一些酒肉之徒，那这个人十有八九也不是什么贤能之士。正所谓"道不同，不相为谋"。有着共同爱好、追求的人很容易走到一起，还很容易产生一种相识恨晚的感慨。这都是人们内心中的吸引力在发挥作用。

春秋战国时期出现百家争鸣的局面，排在最末的是杂家，其创始人淳于髡博学多才，能言善辩，被任命为齐国的大夫。据说《晏子春秋》就是他写的。

齐宣王在位期间，很喜欢招贤纳士，于是，他让淳于髡为自己举荐人才。淳于髡一天之内便接连向齐宣王推荐了七位贤能之士。齐宣王为此惊讶不已，很纳闷地问道："寡人听说人才很难得，若千年之内能找到一位贤人，那贤人多得就像是肩并肩站着一样；若百年出现一个圣人，那圣人就像是脚跟挨着脚跟一样。如今，你却在一天之内就接连推荐了七个贤士，那贤士是不是太多了呢？"

第十三章　做有准备的成功者

淳于髡笑着回答说："您不能这么说。想您有所不知，同类的鸟儿总是会聚在一起飞翔，同类的野兽也总是聚在一起行动。人们要是想寻找柴胡、桔梗这类药材，到水泽洼地去找是找不到的；但如果到梁文山的背面去找，就会发现那里的柴胡、桔梗满山遍野。这是因为天下同类的事物，总是相聚在一起的。我淳于髡大概也算是个贤士，因此，让我举荐贤士，就如同在黄河里取水，在燧石中取火一样容易。要想给您推荐贤士，岂止这七个呢？"

淳于髡为齐宣王举荐贤士之所以能够"如同在黄河中取水，在燧石中取火一样容易"，正是因为吸引力法则。无论是从个人情感、思想还是追求来讲，淳于髡身边的人都跟他志同道合。因此，齐宣王认识了一个淳于髡，就可以把更多的"淳于髡"招纳过来。

《三字经》里的："昔孟母，择邻处"讲的就是孟母三迁的典故。孟子幼年丧父，母亲忠贞守节，并没有改嫁，一人承担起教养孟子的重任。起初，他们的家安置在墓地的旁边，那里经常有举办丧事的人来往，于是，孟子和邻居的小孩则经常学着大人的样子跪拜、哭嚎，还时常一起玩办理丧事的游戏。孟子的母亲见状后，心想：我不能再让我的孩子继续住在这里了。于是，孟子的母亲带着他迁到了集市边上。

谁知，新家的旁边就是杀猪宰羊的店铺。这样一来，孟子又经常和邻居的小孩一起模仿商人屠宰猪羊和做生意。孟子的母亲发现后，认为这也不是适合孩子居住的好地方。于是，他们又搬家了。

这次，他们把家安置在了一所文庙附近。每月夏历初一的时候，官员们就会结伴到文庙行礼跪拜。孟子见了后，开始模仿他们的做法。很快，他成为一个知书达理且知上进的孩子。

母亲见状后，非常欣慰地想：这才是孩子应该住的地方呀！

这个故事，被后人广泛流传，成为父母教导孩子的典范事例。后人更

249

是用"孟母三迁"来警醒世人应该与好的人、事、物接近，才有机会学习到好的习惯！

说到底，真正对孟子产生深远影响的是居住在他周围的人们，而不是纯粹的地理位置。倘若文庙里没有书生出没，想必孟子的人生也就不会出现这么大的转折。这就是人的从众心理，别人在做什么，自己的心里往往也就会有这种心理倾向，不自觉地也去做什么。倘若你的身边都是一些年轻有为之士，自己也会自然而然地受到鼓舞，也会为了自己的理想而努力奋斗，没有人甘愿落后。这时候，一个人的潜能往往就会被激发出来。

因此说，积极的能量可以吸引积极的能量，消极的能量可以吸引消极的能量。努力让自己去认识那些成功人士，让他们把积极的能量传导给自己，加之不断努力，久而久之，你也会成为一名成功的人士。

狼群法则：勇敢竞争，不轻言放弃

狼族在草原上被称做"草原战神"，它们的一声嗥叫往往令其他动物闻之丧胆。但狼也并非无往而不胜。有关狼的研究结果表明，狼群在十次狩猎中只有一次是成功的，换言之，"战神"成功的概率也不过是十分之一。可正是这十分之一的成功，养成了狼群的生存法则，那就是从不轻言放弃。

狼不是不会失败，而是不会放弃。它们为了渺茫的十分之一的希望，往往可以在雪地里静候几个小时。即便失败，它们也不会让失败的阴影占据自己的心田，而是很快振作起来，让自己投入新一轮的战斗当中。

无论是个人，还是企业，只要具备了狼族"不轻言放弃"的精神，成功便不再遥远。如果你不轻言放弃，那么任何的苦难都只会成为你前进的动力，而非羁绊你前进脚步的绊脚石。

两名探险者在一望无际的沙漠里迷失了方向，一整天没有找到水源，他们的嘴唇裂开了一道道的血口，他们仿佛已经听到了死神的脚步声。但是，其中年长一些的探险者仍然信心满怀地对自己的同伴说道："我去找水，你在这里等我！"

接着，他从行囊中拿出一把手枪递给同伴，并嘱咐他说："我们还有6颗子弹，每隔一个时辰，你就放一枪，这样，我就可以循着枪声找到你，为了让我不迷失方向，你一定要放枪！"同伴点了点头。

时间在流逝，枪膛里只剩下了最后一颗子弹，找水的同伴仍然没有出现。"他一定被风沙湮没了，或者找到水后，一个人离开了。"年纪小一些的探险者沮丧地想到。饥渴和恐惧伴随着绝望如潮水般吞噬着他，他仿佛看到了死神狰狞的面孔。他终于扣动了扳机，射出了最后一颗子弹，可是，子弹却射进了他的胸膛，他在绝望中自杀了。

然而，就在子弹穿过他胸膛的那一刹那，同伴带着两大壶水匆匆赶了回来。

让这位年轻的探险者丧生沙漠的不是因为没有水，而是因为他放弃了生的希望。没有人可以随随便便成功，我们讴歌成功，赞美成功的人，正是因为他们承受住了成功前的万般苦难。

黎明前的黑暗让人恐惧和战栗，但只要坚持，黎明的曙光终究会照亮；若放弃，只能让自己永远消逝在无尽的黑暗里。倘若经受不住黎明前的黑暗，就不要抱怨拂晓的曙光未曾照耀自己。对生命的奖赏永远都不会是在起点处，而是在那未知的旅途中。

没有人可以确切地算出自己到底要走多少步才能达到目标，但是，最终成功的人往往不去关心自己到底还需要走多少步，而是关心自己如何走好眼前这一步。有人说，每次进步一点点并不太难，难的是能够长此以往地每天都进步一点点。只要自己的心中有永不放弃的信念，成功的曙光终究会照亮你的里程。

职场，犹如变幻莫测的战场，很少有人春风得意。很多时候往往是自己的工作很努力，也很出色，却是无人问津，更是得不到老板的丝毫青睐和重视。那么，失意的人该何去何从呢？是继续坚持下去，还是放弃努力呢？

汉森在一家保险公司任职员，为了工作，他花65美元买了一辆脚踏车到处推销保险。但不幸的是，无论他怎么努力，他的业绩始终平平。可是汉森懂得不能轻言放弃的道理，于是他没有气馁，无论晚上多么疲倦，他都会一一地给自己白天访问过的客户写封问候信。信中的每一句话，都代表着他的真诚。虽然，这些信犹如一滴水滴入大海般再也没有了回音。

两个月过去了，汉森没有卖出一份保险，上司开始发火，汉森更是万般焦急，他甚至开始怀疑自己的能力。为此，他在日记中写道："我一直以为，只要自己认真、努力地去工作，就一定有好的回报。可这次，显然我错了。我每天不辞劳苦地到处跑，付出我的真诚和努力，可结果呢？或许，我不适合做保险工作，也许我该考虑换一个工作了。"

妻子知道了汉森的焦虑后，开导他说："再坚持一下，放弃了就永远没有希望了。"事实上，汉森不是一个轻言放弃的人，想到两个月的辛劳，他更是不愿意让其付诸东流。于是他听从了妻子的建议，继续干了下去。

两个礼拜后，汉森要去见一个客户，对方是一所小学的校长。汉森想通过说服他，让他的学生全部投保。起初，校长对此没有丝毫的兴趣，汉森也因此不止一次被拒之门外。

可是，事情在坚持拜访的第69天出现了转机，校长被他的诚心所打动，终于同意让全校的学生买了他的保险。

接下来推销保险的过程中，仍旧困难重重，但是，汉森再也没有想到过放弃。几年后，汉森成为一名很有名气的保险推销员，他成功了！

汉森显然不是一名天生优秀的推销员，但他却成功了。他的成功正是得益于他的"永不放弃"。倘若汉森没有听从妻子的劝告，选择了放弃，那么，他的成功又从何谈起？因此，要想成功，就必须拥有坚韧和永不放弃的精神。拥有目标，并为之"永不言弃"地努力下去，才有成功的可能。这就好比一座山，倘若你想欣赏到山上和山背面的瑰丽风景，唯有低下头，弯下腰，坚持不懈地向上攀登；否则，一切都只能成为空想。

灯塔效应：不同的目标就会有不同的结果

在大海中行船离不开灯塔的指引。灯塔就好比是船只的眼睛，失去了灯塔的指引，船只就会迷失方向。人生如行船，而人生的目标就是为船导航的灯塔。倘若没有指引方向的目标，人就会变得鼠目寸光、故步自封。这正是管理大师彼得·德鲁克在《管理实践》一书中提出的灯塔效应。他认为，每个人都会因为目标不同和获取目标的方式不同而得到不同结果。一个没有目标的人就会失去前进的方向和动力，最终，在碌碌无为中终其一生。

1952年7月4日清晨，加利福尼亚海岸被笼罩在一片浓雾当中。在海岸以西21英里的卡塔林纳岛上，一个名叫弗罗伦丝·查德威克的34岁女人开始向加州海岸游去。倘若成功了，她将打破世界纪录，成为第一个成功游过此海峡的女性。

海水很凉，她冻得浑身发麻，雾很大，她几乎看不到护送她的船只。冰冷的海水肆意地吞噬着她的身体，朦胧的海岸让她看不到终点。15个小时过去了，可是她还是看不到海岸，她感到自己很快就要昏死过去，于是她开始呼救，要求护送的船只拉她上船。

船上的人告诉她海岸很近了，并鼓励她不要放弃。但除了浓雾，她什么都看不到。由于看不到目标，她感到绝望。几十分钟后，她被人们拉上了船。可是，她很快发现，她被拉上船的地点，距离加州海岸只有半英里！

事后，她沮丧地对记者说："真正令我半途而废的不是疲劳，也不是寒冷，而是目标被浓雾笼罩，让我看不到希望。"

目标，是引导人坚定不移地走向成功的灯塔，更是指引人进步的动力。一位哲人曾经说过："远大目标不会像黄莺一样歌唱着向我们飞来，却要我们像雄鹰一样勇猛的向它飞去。只有不懈地奋斗，才可以飞到光辉的顶峰。"

一个没有目标的人生，是枯燥乏味的；一个没有目标的人，是不会斗志昂扬的；一个没有目标的企业，其生命力是非常短暂的。对于一个企业来说，只有设立了远大的目标，为员工描绘出未来的宏伟蓝图，才能充分调动起员工的积极性，让员工看到希望，让他们知道今天的汗水是为了明天的成功而流。

1992年4月，沃尔顿为沃尔玛制订出了在2000年使销售额达到1250亿美元的发展目标。这个目标在当时看来遥不可及，但是它却像磁石一样，吸引着沃尔玛公司的全体员工不断向前迈进。

这一宏伟的目标，正是沃尔顿留给沃尔玛的一座"灯塔"。有了"灯塔"的指引，员工工作起来不再盲目，个个斗志昂扬，为了共同的目标而坚持不懈地努力奋斗。

2001年，沃尔玛终于以2100亿美元的销售额荣登全球500强企业榜首，实现了沃尔顿的梦想。尽管其创始人沃尔顿无法见证这一伟大的时刻，但他却早已预见到了，因为这正是他早就为沃尔玛制订的目标，沃尔玛有了这座"灯塔"的指引，才得以在商海里稳健、健康地驰骋。

目标可以带给人们进步的动力。心理学家研究表明，当人们的行动有了明确的目标时，人们行动的动机就会得到加强，人们就会自觉地克服一切困难，努力达到目标。所以，努力是实现目标的阶梯。

碌碌无为的人并不是不曾有过远大的抱负，而是他们的目标过于模糊，不够明确。没有明确目标的人，跟没有目标没什么两样，他们行动起来总是那么盲目，以至于一事无成。美国财务顾问协会的总裁刘易斯·沃克曾经被人问道："到底是什么因素使人无法成功？"沃克回答："模糊不清的目标。"他还说道："如果我问你的投资目标是什么，你说希望有一天可以拥有一栋山上的小屋，这显然就是一个模糊不清的目标。因为'有一天'到底是哪一天，你自己都不晓得，因此这个目标实现的概率就会很小，很小。"

不积跬步，无以至千里。要知道，再宏伟的目标，也是由身边那些一个个触手可及的小目标组成的。因此，我们说梦想是愉快的，但没有结合实际行动的梦想，则只能是空想家的空想而已。

不值得定律：永远不做不值得做的事

不值得定律是人们普遍存在的一种心理现象。也就是说，如果一个人从主观上认定某件事情是不值得做的事，那么他在做这件事的时候，根本不可能全力以赴。即便他迫于某种压力做好了这件事情，但依然不会享受到任何的成就感。不值得定律最为直接的表达方式就是，不值得做的事情，不值得做好。

很显然，不值得我们做的事情是不符合我们的价值观的，既然不符合我们的价值观，我们又怎么可能满怀热情地去做呢？这就好比一个喜欢交际的人迫不得已做了档案员，而一个很害羞的人则不得不每天都与人打交道。

总之，只要符合我们的价值观，而且适合我们的个性与气质，并能给我们一定期望的事情，就能激发我们的斗志，也只有这样的事情，我们才有信心去做好。否则，我们就应该果断地停止正在从事的事情，然后改变自己努力的方向。

著名的指挥家伦纳德·伯恩斯坦年轻时师从于美国最有名的作曲家、音乐理论家柯普兰。那时伯恩斯坦的梦想只是成为老师那样的作曲家，他只是附带着学习指挥技巧。

伯恩斯坦的创作天赋非凡，曾写出一系列不同凡响的作品。不久后，他成为美洲继柯普兰之后的又一位作曲大师。可就在伯恩斯坦在作曲方面一发而不可收的时候，当时纽约著名的爱乐乐团的指挥慧眼识珠，发现了伯恩斯坦的指挥才能，他力荐伯恩斯坦担任纽约爱乐乐团的常任指挥，伯恩斯坦因此一举成名。

但是，只有伯恩斯坦自己清楚，他最热衷的事情仍旧是作曲。可是，人的精力是有限的，指挥占据了他大量的时间和精力。随着指挥上逐渐取得"丰功伟绩"，他谱曲的灵感和活力在不断地枯竭，除了偶尔的灵光闪现外，伯恩斯坦在谱曲方面再也没有了太大的作为。每当他痛下决心要放弃作曲的时候，却又总是有着太多的牵绊。

"我喜欢创作，可我却在做指挥。"这个矛盾一直折磨着伯恩斯坦，无数的鲜花和掌声背后，只有他自己才能感受到内心的隐痛和遗憾。这种遗憾最终被伯恩斯坦带到了坟墓里，因此，后人评论他是个出色的音乐家，但不是成功的。

应该说伯恩斯坦是有指挥才能的，只不过指挥不是他最热衷的事情罢了。因此，他把遗憾带到了另一个世界。我们试着想象一下，倘若伯恩斯坦没有离开自己喜爱的谱曲舞台，最终的结局会是什么样？又或许，倘若他彻底地放弃自己的作曲梦，竭尽所能做一个指挥家，这样的结局又会是什么样呢？答案无人知晓，因为伯恩斯坦让答案混在了遗憾里，然后连同他伟大的梦想消失在了另一个无尽头的世界里。

伯恩斯坦的经历告诉我们，选择自己所爱的，也要爱自己所选择的。倘若自己正在从事一份自认为很不值得的事情，最理性的选择就是放弃，然后重新选择一份符合自己的价值观、人生观的事情。否则，只能是对生命的浪费。

画家莫奈有一幅著名的作品，画中是一个修道院，修道院里几位天使正在忙碌着，有的正在架水壶烧水，有的正提起水桶，还有一位穿厨衣的天使正伸手去拿盘子……天使们所干的这些事情，在别人看来无比的单调，但是天使的脸上却挂着灿烂的笑容，她们正全神贯注地做着手中的事情。

这些在别人看来非常枯燥无味的事情，天使却乐在其中，因为这些索然寡味的事情，在她们的眼里却是非常值得做的事情，因此她们会竭尽所能地把它们做好。

然而现实生活中，我们不可避免地会遇到这样的事实：即使自己正在从事自己所不喜欢的事情，也必须长期坚持下去，因为目前的自己无力去改变。比如刚刚走出大学校门时，由于自己各方面的经验欠缺，必须委曲求全地从事自己并不满意、甚至与自己的理想相背离的工作。这时应该调节自己的心态，把目前的工作看作是值得做的事情去做。其实，任何一份工作都有它自身的价值所在，只要调整好自己的心态，把自己不愿意做的事情当作值得自己做的事情，就会无往而不利。

班尼斯说："最聪明的人是那些对无足轻重的事情无动于衷的人，但他们对较重要的事物却总是很敏感。那些太专注于小事的人通常会变得对大事无能。"很显然，有的人总是平白无故消耗自己的精力，他们不懂得什么事是值得自己做的，什么事是不值得自己做的，不懂得选择的重要性。

张毅是计算机专业的研究生，毕业后在一家大型软件公司工作。张毅基本功很扎实，工作起来很认真，但性格比较内向，不善言谈。到公司不久，他就为公司开发了一套大型财务管理软件。软件投入市场后，得到客户的一致好评，张毅也因此官升一职，被提升为开发部经理。

可是，张毅并没有兴奋不已，反而闷闷不乐。因为张毅明白，自己擅长的是技术，而非管理。但是，碍于领导的好意，他又不好拒绝，于是他硬着头皮做起了管理。

果不其然，3个月下来，开发部在张毅的管理下几乎乱作一团麻，无论张毅怎么努力，结果总是令人失望，领导开始施加压力。

张毅越来越讨厌这份工作，他感受不到任何的乐趣，更没有任何的成就感可言。最终，张毅由于承受不了开发部经理的压力跳槽了。

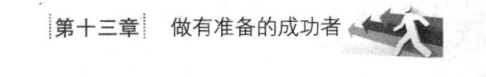

显然，张毅和他的领导都不懂得成功心理学上的不值得定律。不是所有的人都适合做领导。"开发部经理"的职位显然不符合张毅的价值观，也就无法彰显他个人的气质和魅力，他最终注定在一无所成中结束这段"苦差事"。

一个觉醒的人在离开待遇不菲的公司时曾写下了这样一段话："是时候了，是该离开的时候了，离开这个不能再带给我振奋和新知的地方。我不后悔，但我真的惋惜。在那对于我来说比金钱不知要珍贵多少倍的时间里，我做了自认为不值得的事情。我不想让自己的人生越来越狭隘，也不想继续花时间和心力在不值得的事情上。离开不是因为软弱，不是因为没人认同，只是我要追求自己人生的价值，追求值得自己去做的一切。"

多么发人深省的一段话，它警惕世人时刻都要清醒地认识到自己想要的到底是什么，什么才是值得自己做的事情。选择值得自己做的事情，然后一如既往地坚持下去，而非在自己认为不值得做的事情上浪费精力和时间。

跨栏定律：栏杆越高，你跳得就越高

著名的外科医生阿费烈德在解剖尸体时，发现了一个十分奇怪的现象，那些患病的器官并不像人们想象的那样糟糕，相反，在与疾病抗争的过程中，为了抵御病变，它们的机能总是比正常的器官更强。

这一奇怪现象最早是阿费烈德从肾病患者的遗体中发现的，当他从死者的体内取出那只患病的肾时，意外地发现那只肾比正常的要大出好多。阿费烈德从多年的解剖经验中发现，无论是肾，还是心脏、肺等人体器官，几乎都存在着类似的情况。

为此，阿费烈德从医学的角度对这一奇怪的现象进行了分析。他认为，患病器官之所以比健全的器官更强壮，是因为在与病魔作斗争的过程中，其功能得到不断地加强，而未曾患病的器官，则更加"懒惰"。

此外，阿费烈德在给美术专业的学生治病时，又发现了一个奇怪现象，这些艺术生的视力大都不如人，有的甚至是色盲。在一项将艺术院校教授作为研究对象的调查中，他更是惊奇地发现，一些颇有成就的教授之所以选择了艺术这条道路，大都是因为他们有或多或少的生理缺陷。然而，无数的事实证明，缺陷不但没有成为他们取得成功的障碍，反而成为他们成功的助推器。

以上种种现象，被阿费烈德称之为跨栏定律，也就是说，竖在你面前的栏越高，你就会跳得越高。也可以说，你取得成就的大小，往往取决于你所遇到的困难程度。阿费烈德的跨栏定律并不难理解，而且生活中的好多现象就可以用此来解释，譬如盲人的听觉、触觉、嗅觉总是要比一般人灵敏；失去双臂的人，其平衡感也总是比一般人更强，其双脚也总是更灵巧。

我们总是说，上帝在为你关上一扇门的同时，又总是为你打开一扇窗。一个人的缺陷很多时候是上苍赋予他的另一种天赋。

被世人誉为奥运会史册上的"女飞鹰"的约兰达·巴拉斯出生在罗马尼亚一个非常不幸的家庭，其小时候的生活非常悲惨，母亲患有精神分裂症，无法正常地工作和生活，而父亲则嗜酒好赌，整天不务正业。这样一来，缺乏管教的巴拉斯就成了街上的"疯孩子"，成天跟一帮小流氓打架斗殴，还渐渐地染上了偷盗的恶习。

巴拉斯的命运在她12岁之前没有发生任何的转机，直至12岁那年她认识了跳高运动员威尔逊。威尔逊对这个不幸的孩子表现出极大的同情，他

第十三章 做有准备的成功者

决定教巴拉斯练习跳高。

巴拉斯不敢相信自己的耳朵，在她看来，成为一名跳高运动员是多么遥不可及的梦想，她幼小而灰色的心灵里从未有过这样的奢望。于是，她胆怯地问："威尔逊先生，我真的可以像你一样成为跳高运动员吗？""为什么不能？"威尔逊盯着巴拉斯反问道。"因为我的母亲有病，而父亲是个酒鬼……"

威尔逊很清楚，无论巴拉斯的行为多么放荡不羁，她的内心却是自卑的，他必须让她重拾自信，否则她没有办法了解自己的潜力。于是威尔逊在巴拉斯的面前架了一个1米高的栏杆，然后坚定地对她说："巴拉斯，跳过去，你可以的，相信我。"

巴拉斯纵身一跃，跳过去了，她惊喜万分。威尔逊一边称赞，一边将那根横杆撤了下来。这时，他让巴拉斯再跳一次。结果，让巴拉斯意外的是，没有了栏杆她并没有跳得更高，相反，她只跳了区区的0.6米。

这时，威尔逊捡起地上的横杆，意味深长地说道："巴拉斯，你看到了吗，这根栏杆就是你苦难的家境，有了它，你反而跳得更高。不信，我可以再将栏杆增高到 1.2 米，你照样可以跳过去。"

巴拉斯咬了咬牙，跳过了 1.2 米，两年后，她跳过了 1.51 米。1955 年夏天，19 岁的巴拉斯跳过了 1.75 米，打破了世界纪录。从 1957～1968 年的 11 年间，巴拉斯总共 14 次刷新世界跳高纪录。1960 年，罗马奥运会上，她更是以 1.85 米的成绩获得人生中第一枚奥运金牌。1961 年，巴拉斯再刷新世界纪录，越过了被誉为"世界屋脊"的 1.91 米，此记录被保持了 10 年之久！

潜能的激发，让每个人变得无所不能。激发每个人潜能最佳的办法，就是将他面前的栏杆调得更高。苦难只能是懦弱者的借口，而在坚强的人面前它只是一块被踩在脚下的跳板。

一个人在某些方面的缺陷，往往就是上苍给他的成功的信息。刘翔正是因为弹跳缺陷而离开了排球，但这并没有成为他永远退出体育界的借口，弹跳缺陷反而刺激了他的爆发力，加之其大跨度的步伐，最终成就了一个田径场上的世界冠军。

很多人一生碌碌无为，或许正是因为他们太过于"完美"。当一个人的面前没有栏杆的时候，就无法激起他征服的欲望，而没有欲望，就失去了跳跃的动力。这就好比弹簧，如果没有压力，它就不能发挥作用。

可见，困难并不是我们退缩的理由，而是我们前进的动力。因此，面对困境，不要总是一味地逃避，要坚信那正是上帝为你创造的机会，也正是通往成功的阶梯。只要你勇敢地跨过了这道栏杆，你就会惊奇地发现，原来你可以跳得这么高！

第十三章 做有准备的成功者

卡贝理论：放弃有时比竞争有意义

卡贝理论是由美国电话电报公司前总经理卡贝提出的，他指出：放弃是创新的金钥匙。卡贝的这一理论提醒人们，放弃有时比竞争更有意义，换言之，一个人在学会争取前，一定要先懂得放弃。

色彩纷呈的现代社会，到处都充斥着诱惑。于是，在众多的致命诱惑面前，人们忘却了理性的分析和选择，更忘却了放弃。而欲望的野马一旦失去控制，人就开始在欲望的陷阱里越陷越深。然而，执迷不悟的人们这个时候仍然不愿意放手欲望的缰绳。殊不知，面对诱惑，学会放弃更是一种高深的战略智慧。我们只有学会放弃，才能更好地去争取。

从前，有两个穷樵夫，他们一直靠上山捡柴为生。有一天，他们跟往常一样捡完柴结伴往家走。走了没多久，他们发现了两包棉花，两人喜出望外，因为棉花的价格跟柴薪的比起来，简直就是天壤之别。卖掉这两包棉花，一家人至少可以在一个多月的时间里衣食无忧。于是，两人丢掉了柴，各自背了一包棉花赶路回家。

走着走着，他们又看到山路上有一捆布，走近细看，竟是上等的细麻布，足足有十余匹之多。于是，其中的一个樵夫提议，丢掉背上的棉花，两人一起把布匹抱回家，然后把布匹卖掉换成银两，两个人再把银两分掉。

可是，这个提议并没有得到另一个樵夫的赞同，他认为自己已经背着棉花辛辛苦苦地走了一大段山路，倘若现在就白白地放弃，岂不是枉费了自己先前的苦劳。于是，他坚决不丢掉棉花。他的同伴见劝说无效，只好一个人竭尽全力地背起布匹，跟背着棉花的樵夫继续前行。

结果，又走了一段路后，背着布匹的樵夫望见林中闪闪发光，走近一看，他大吃一惊，发现地上竟散落着数坛黄金。喜出望外之余，他赶紧丢掉了布匹，并建议同伴丢掉棉花，然后两人一起用挑柴的扁担来挑黄金。

可是让他感到无奈的是，他的同伴仍然是先前的那一套理论，说放弃棉花就枉费了自己先前的苦劳，而且他怀疑这些黄金有假，说什么荒山野林里不可能平白无故地出现黄金。于是，发现金子的樵夫只好无奈地摇摇头，自己丢掉了布匹，改用挑柴的担子挑起黄金。

天已经完全黑了下来，两人继续赶路。到了山脚下的时候，天气骤变下起了大雨，两人被淋了个湿透。更不幸的是，背棉花的樵夫肩上的大包棉花，由于浸透了雨水，而变得其重无比，以致于他无法挪动半步。于是，背棉花的樵夫只好万分惋惜地丢弃了棉花，空着手回家了。

有机会选择的时候，自己舍不得放弃，而到了万不得已要放弃的时候，才开始懊悔自己曾经的不舍得放弃。鱼与熊掌不可兼得，任何时候，只有懂得放弃肩上的"棉花"，才有机会去选择更加贵重的"黄金"。倘若不懂得放弃，也就失去了选择的机会。无论是做事，还是做人，在需要选择的时刻都必须有所选择，有所放弃，最终找到属于自己的正确方向。

纵观那些成功的人士，他们总是知道哪些是该放弃的，哪些是该坚持的。他们不会像那个愚蠢的樵夫，固执地不肯放弃棉花，最终错过了黄金。他们总是懂得适时适地地选择和恰到好处地放弃。

日本的"精工舍"钟表企业是一家闻名世界的钟表企业，它生产的手表销售量长期占据世界第一的位置。然而，"精工舍"曾经是一家名不见经传的小手表作坊。

1945年，服部正次就任"精工舍"第三任总经理。由于"二战"的破坏，当时的日本满目疮痍，"精工舍"在这样的社会背景下步态疲惫。当时，有着"钟表王国"之称的瑞士由于没有受到战争的影响，其生产的手表一下子占据了整个钟表行业的主要市场。在内忧外患的情况下，"精工舍"面临着巨大的生存危机。

为了渡过难关，服部正次开始了赶超"钟表王国"的行动。然而十多年过去了，尽管"精工舍"在服部正次的带领下取得了长足的进步，但与当时风靡全球的瑞士手表比起来，仍然是望尘莫及。

整个20世纪60年代，瑞士各类钟表远销世界一百五十多个国家和地区，占据着世界市场份额的50%~80%。此时，服部正次开始认真思考"精工舍"的新出路，因为他已经深刻地认识到，要想在质量上赶超有深厚制表历史的瑞士，简直就是天方夜谭。

服部正次经过慎重考虑，最终做出了一个大胆的决定，他放弃了自己已经致力多年的机械表制造，转而把精力投入到新产品研发上。决定传出，遭到很多人的反对，他们认为服部正次的做法太过天真，做了十几年的事情都无法成功，现在又去做从未尝试过的新产品，简直就是痴人说梦。

服部正次没有辩解，他带领自己的科研人员刻苦钻研，经过几年的努力，一种新产品"石英电子表"问世了。与机械表相比，石英表的最大优势就是走时准确。当时被誉为"表中之王"的机械表的月误差在100秒左右，而石英表的误差每个月则不会超过15秒。

1970年，"精工舍"的石英电子表一投放到市场，立即在钟表界引起轰动。到20世纪70年代后期，"精工舍"的石英电子手表的销售量跃居到了世界首位，对长期以来稳居世界销量第一的瑞士手表造成了很大冲击。

再后来，以钻石、黄金为主要材料的高级"精工·拉萨尔"表开始投放市场，并得到消费者的一致认可。不久后，它成为那些达官贵人职位的象征！

服部正次和他的"精工舍"成功了，正是因为他懂得放弃和选择的结果。倘若他沿着先前的路一直坚持下去，其结果可能是10年、20年，甚至上百年都一直处于被动的追赶地位。而运用智慧让自己果敢地选择放弃不适合的坚持和竞争，改走一条更加适合自己的、崭新的道路，当这条路通往成功的光明之门时，对手则早已被远远地甩在了后面。

　　服部正次的成功不是不可以复制，只要你学会了放弃的智慧。放弃，是一种更为理性的选择，是一种以退为进、以守为攻、张弛有度的战略智慧。选择在别人眼里象征屈服的放弃需要更大的勇气和胆识，更需要非凡的毅力和智慧。

　　放弃，是为了更好地选择。通往成功的路并非一条，适合别人的路不一定就适合自己。在同一条路上，与那些争先恐后要取得成功的人们相互挤来挤去，最终自己很有可能被挤下水。这样一来，成功更是无从谈起。"别人卖果，我卖篓"又何尝不是一种生财之道？既然目标既定，而方法不止一个，放弃那些不适合自己的，选择更好、更适合自己的，你就掌握了成功的秘诀！

参考文献

[1] 曾仕强. 圆通的人际关系［M］. 北京：北京大学出版社，2009.

[2] 尤文·韦伯，约翰·摩根. 心理操纵术［M］. 北京：中央编译出版社，2009.

[3] 邢东. 人脉就是命脉［M］. 长春：时代文艺出版社，2009.

[4] 黄薇. 最神奇的心理学定律［M］. 北京：新世界出版社，2010.

[5] 张超. 职场潜伏心理学［M］. 长春：北方妇女儿童出版社，2010.

[6] 陈玲. 心理学的诡计［M］. 北京：新世界出版社，2008.

[7] 陈玲，蒋先润. 心理学的诡计Ⅱ［M］. 北京：新世界出版社，2009.

[8] 笛子. 懂心理的女人最幸福［M］. 北京：中国商业出版社，2009.

[9] 聂小晴. 每天懂点好玩心理学［M］. 北京：新世界出版社，2010.

[10] 牧之. 18岁以后懂点心理学［M］. 北京：新世界出版社，2010.

[11] 叶潭. 读人识人心理学［M］. 北京：地震出版社，2009.

[12] 乔·纳瓦罗，马文·卡尔林斯. FBI教你破解身体语言［M］. 王丽，译. 长春：吉林文史出版社，2009.

[13] 怀斯曼. 59秒［M］. 冯杨，译. 太原：山西人民出版社，2009.

[14] 怀斯曼. 怪诞心理学：揭秘不可思议的日常现象［M］. 路福，译. 天津：天津教育出版社，2010.

后记

心理学，一门带给你幸福的学科

人不是机器，但却非常容易变成机器。从你踏入社会的第一天起，你的心理就会时常脱离你的控制。也就是说，你的心理会被一些你从未意识到的外界因素所影响，这就造成了你有时会难以避免地被那些了解和掌握这些规律与原理的人所操纵。因此，学习一些心理学知识就变得极为重要，尤其是对刚步入社会的年轻人来说。

人是社会动物，具有诸多的社会属性，比如朋友关系、地域、职业、信仰、价值观念等，这些东西共同构筑了一个人的存在，并形成了他对世界的认同。这些认同本身，既可以是他"强大"的来源，也可以成为他懦弱的根本。而我们要说的就是这个"认同"，即心理。

对大多数人而言，心理学是一门深奥而又神秘的学科。许多人都认为心理学好似玄学，懂得心理学的人就能看穿人心，因此对心理学抱有崇拜式的误解。其实不然，心理学只是研究人们心理活动的学科，而且也并不像想象中那么难，只要掌握了方法就可以在生活中灵活应用，还可以在看穿别人的时候，采取相应的对策保护自己。

"人的一半是天使，另一半是魔鬼。"如果一个人失去了对自身心灵的有效控制，那他很可能会陷入"心力委顿"的状态。所以，我们说，一个人想要获取成功，需要征服的既不是巍峨的高山，也不是险峻的峡谷，而

后　记　心理学，一门带给你幸福的学科

是自己的心理。

　　基于此，本书以指导人们驾驭自己的心理为主旨，分为十二章，从十二个不同的角度和方向来帮助人们对自己的心理进行分析。其中，更是采用真实案例，分析人们恐惧、紧张、内疚、放任、懈怠等的原因，帮助读者更清晰地解析，训练过硬的心理素质，来更好地面对生活中的种种困扰与危机。

　　中华医学会的一份统计数据表明，我国近几年抑郁症患者达到了总人口的3％～5％，如果按我国总人口数约13亿来计算，大约有3900万～6500万人。如果再加上因心理问题而导致的情绪紊乱、失眠等人数，我国存在隐性心理问题的人口数在1亿以上，这种现象令人们不得不担忧。在这里要说的是，你之所以在心理上弱小，之所以被心理问题所困扰，重要的原因是你没有意识到心理学知识对你情绪、情感的影响。也就是说，你是否强大，主要取决于你是否具有对于"他们"的认知能力。如果能够努力、积极地去提升你的认知能力，掌握一些必要的心理学知识，那么，你面前的世界将是另外的一种样子，而你对于这个社会、这个世界都会做出不同的反应。

　　因此，必须牢记住这一点：事实是什么对于你来说其实并没那么重要，重要的是它在你心理上如何，即"事实在你的心理上如何"激起了你的语言及行为。命运并非天注定，心理也可以改变生活。要知道，在很多时候你的行为都远比事实要重要。

　　相信你可以改变自己吗？相信你可以让生活变得大不一样吗？虽然很多事情在你出生时就已经注定了，但你要相信更多的事情是可以被改变的……而这正是你一直以来努力的目标，不是吗？在读完这些原理与规律之后，相信你的心灵以及反思意识已经被唤醒，你也将拥有对付心理问题的力量。

　　拥有"和谐圆融"的心灵，无论是对实现个人幸福还是个人价值都是具有重要意义的。心理学可以说是现代生活中人们最广泛涉及的主题，因为，人的生活首先就是由人的心理与行为支撑的。无论是衣食住行，还是为人处世，都离不开心理学，也都需要心理学知识的疏导与帮助。因此，希望本书的出版，能够为中国的心理学教育及科普工作尽一份绵薄之力。同时，也希望大家能够在本书的帮助下，获得一颗健康强大的心灵。

　　本书的宗旨在于帮助人们更好地了解心理学、掌握心理学，从而更好地认识自己、提升自己。在这个世界上，每一个人都具有自我改善的能力，并且每个人的风格和个性具有极大的改变空间，而心理学正是帮助"自我完善"的工具及理论指导。无论你是因为理性的求知欲，还是仅仅为了提高闲暇谈资的层次，相信本书都不会令你失望。

晓宁

2014年3月